VDE-Schriftenreihe **63**

Zum Autor

Dipl.-Ing. **Siegfried Rudnik** hat eine Berufsausbildung zum Elektromaschinenbauer absolviert und anschließend ein Ingenieurstudium der Elektrotechnik abgeschlossen. Nach 25 Jahren als Projektierungsingenieur und Projektleiter im Anlagenbau war er bei der Siemens AG verantwortlich für die nationale und internationale Normungsarbeit zum Thema „Elektrische Sicherheit" und Maschinensicherheit. Als Delegierter des Verbands ZVEI wurde er in die internationalen Normengremien IEC TC 44 und IEC TC 64, einschließlich ausgewählter Arbeitsgruppen für bestimmte Normen, als Experte delegiert. National war er Mitarbeiter in den Arbeitskreisen für „Erdungsanlagen und Schutzleiter" sowie für „Ableitströme" (VDE 0100-540) und für die „Elektrische Ausrüstung von Maschinen" (VDE 0113-1). 2011 verlieh die Internationale Elektrotechnische Kommission (IEC) Siegfried Rudnik den IEC-1906-Award. Mit dem „Award 1906" würdigt die IEC besonders aktive technische Experten in den IEC-Gremien. Im Mai 2014 wurde er mit der DKE-Nadel als Anerkennung für seine besonderen Verdienste um die elektrotechnische Normungsarbeit ausgezeichnet.

VDE-Schriftenreihe Normen verständlich **63**

Erstprüfung von elektrischen Anlagen

Prüfungen vor Inbetriebnahme
- Besichtigen
- Erproben
- Messen

nach DIN VDE 0100-600

Dipl.-Ing. Siegfried Rudnik

6., überarbeitete Auflage

VDE VERLAG GMBH

ICS 17.220.20; 19.080; 91.140.50

Bibliografische Information der Deutschen Nationalbibliothek
Die Deutsche Nationalbibliothek verzeichnet diese Publikation in der Deutschen Nationalbibliografie; detaillierte bibliografische Daten sind im Internet über http://dnb.dnb.de abrufbar.

ISBN 978-3-8007-5261-4 (Buch)
ISBN 978-3-8007-5262-1 (E-Book)
ISSN 0506-6719

Satz: Text- und Software-Service Manuela Treindl, Fürth
Druck: GGP Media GmbH, Pößneck
Printed in Germany 2020-05

Vorwort

Wenn im Allgemeinen über die Prüfung von elektrischen Anlagen gesprochen wird, wird meisten an Messungen, wie Isolationsprüfung oder die messtechnische Ermittlung von Auslösezeiten, oder das Betätigen von Prüftasten gedacht.

Doch viele Tätigkeiten bei einer Prüfung sind nicht nur Messungen, sondern auch Besichtigungen und Erprobungen an oder mit der elektrischen Anlage.

Es ist erstaunlich, wie viele Montagefehler allein durch eine „Inaugenscheinnahme" der elektrischen Anlage erkannt werden können. Auch die Überprüfung auf Richtigkeit der ausgewählten und montierten elektrischen Betriebsmittel fällt unter diesen Begriff.

Doch die Qualität einer Elektroinstallation wird nicht erst durch die Prüfung erreicht. Bereits bei der Planung wird bei der Auswahl der normgerechten Produkte und Geräte der Grundstein für eine später durchgeführte Erstprüfung gelegt. Auch Leitungsführung und Dimensionierung sind hierbei wichtige Prüfpunkte.

Es reicht nicht aus, wenn ein elektrotechnischer Laie seine elektrische Anlage mit Produkten aus dem Baumarkt errichtet und dann zum Abschluss ein vom stromversorgenden Netzbetreiber konzessionierter Elektromeister die elektrische Anlage prüft und ein Prüfbericht (Zertifikat) ausgestellt wird.

Wichtig ist, dass die Errichtung einer elektrischen Anlage von einer Elektrofachkraft oder von einer elektrotechnisch unterwiesenen Person, die unter Aufsicht einer Elektrofachkraft vorgenommen wird.

Die Erstprüfung ist entsprechend DIN VDE 0100-600 [1] von einer Elektrofachkraft durchzuführen, die für solche Prüfungen befähigt ist.

Veränderungen oder Erweiterungen an bestehenden elektrischen Anlagen unterliegen auch der Erstprüfung.

Die Erstprüfung entsprechend DIN VDE 0100-600 ist nur für neu errichtete, erweiterte oder umgerüstete elektrische Anlagen anzuwenden. Für eine wiederkehrende Prüfung, wie sie für gewerblich genutzte elektrischen Anlagen gesetzlich vorgeschrieben ist (DGUV-Vorschrift 3 [2] und 4), ist die DIN VDE 0105-100/A1 [3] anzuwenden. Bei privaten Wohnungen ist der Vermieter nicht verpflichtet an elektrischen Anlagen ohne besonderen Anlass einer regelmäßigen Prüfung zu unterziehen (BGH VIII ZR 321/07 [4]).

Siegfried Rudnik Tuchenbach, April 2020

Inhalt

1 Zuständigkeit und Verantwortliche

Nach DIN VDE 0100-600 muss vor der erstmaligen Inbetriebnahme einer Niederspannungsanlage oder eines Teils davon durch Prüfungen nachgewiesen werden, dass die Anforderungen nach DIN VDE 0100 bei der Errichtung eingehalten sind. Bei Änderungen oder Erweiterungen darf die Sicherheit einer bereits bestehenden Anlage nicht beeinträchtigt werden. In der Regel ist der Errichter der Anlage für die Prüfung zuständig. Er trägt die Verantwortung für die normengerechte Beschaffenheit der durch ihn oder seine Firma errichteten, erweiterten oder geänderten elektrischen Anlage.

Mindestanforderungen als Grundlage

Die in DIN VDE 0100-600 enthaltenen Anforderungen sind Mindestanforderungen; sie müssen – sofern zutreffend – vom Errichter von Niederspannungsanlagen geprüft werden. Natürlich dürfen durch die Prüfung selbst keine Unfall-, Brand- und Explosionsgefahren entstehen. Gegebenenfalls müssen Vorsichtsmaßnahmen getroffen werden, um Gefährdungen von Personen und Beschädigungen von Eigentum einschließlich der installierten Betriebsmittel auszuschließen.

Prüfungen im Sinne der DIN VDE 0100-600 umfassen alle Maßnahmen (Besichtigen, Messen und Erproben), mit denen nachgewiesen wird, dass die gesamte elektrische Anlage den Anforderungen der Normen der Reihe VDE 0100 entspricht.

Externer Prüfer

Wird eine elektrische Anlage durch Dritte geprüft, z. B. vom Netzbetreiber oder von einem Beauftragten des Auftraggebers, so ändert dies nichts an der Verpflichtung und alleinigen Verantwortung des Errichters für die VDE-gemäße Beschaffenheit der elektrischen Anlage, d. h. der Anlagenerrichter ist für die Erstprüfung nach DIN VDE 0100-600 verantwortlich.

Netzbetreiber

Die elektrische Anlage kann vom Errichter allein oder gemeinsam mit einem Beauftragten des Netzbetreibers in Betrieb nehmen. Der Netzbetreiber hat nach NAV (Niederspannungsanschlussverordnung) [5] zwar ein Prüfungsrecht, jedoch keine Prüfungspflicht. Der Netzbetreiber entscheidet nach eigenem Ermessen, ob und wann er im Einzelfall von seinem Prüfungsrecht Gebrauch macht. Stellt der Netzbetreiber schwerwiegende Mängel in der Anlage fest, kann er den Anschluss der Kundenanlage an das öffentliche Netz so lange verweigern, bis die Mängel beseitigt sind.

Auszug aus der Niederspannungsanschlussverordnung (NAV):

§ 13 Elektrische Anlage

(1) Für die ordnungsgemäße Errichtung, Erweiterung, Änderung und Instandhaltung der elektrischen Anlage hinter der Hausanschlusssicherung (Anlage) ist der Anschlussnehmer gegenüber dem Netzbetreiber verantwortlich.

(2) Unzulässige Rückwirkungen der Anlage sind auszuschließen. Um dies zu gewährleisten, darf die Anlage nur nach den Vorschriften dieser Verordnung, nach anderen anzuwendenden Rechtsvorschriften und behördlichen Bestimmungen sowie nach den allgemein anerkannten Regeln der Technik errichtet, erweitert, geändert und instand gehalten werden. In Bezug auf die allgemein anerkannten Regeln der Technik gilt § 49 Abs. 2 Nr. 1 des Energiewirtschaftsgesetzes entsprechend.

Die Arbeiten dürfen außer durch den Netzbetreiber nur durch einen im Installateurverzeichnis eines Netzbetreibers eingetragenes Installationsunternehmen durchgeführt werden; im Interesse des Anschlussnehmers darf der Netzbetreiber eine Eintragung in das Installateurverzeichnis nur von dem Nachweis einer ausreichenden fachlichen Qualifikation für die Durchführung der jeweiligen Arbeiten abhängig machen.

Es dürfen nur Materialien und Geräte verwendet werden, die entsprechend § 49 des Energiewirtschaftsgesetzes unter Beachtung der allgemein anerkannten Regeln der Technik hergestellt sind. Die Einhaltung der Voraussetzungen wird vermutet, wenn das Zeichen einer akkreditierten Stelle, insbesondere das VDE-Zeichen, GS-Zeichen oder CE-Zeichen, vorhanden ist. Der Netzbetreiber ist berechtigt, die Ausführung der Arbeiten zu überwachen.

2 Rechtliche Bedeutung der DIN-VDE-Normen

DIN-Normen – so auch die Normen mit VDE-Klassifikation der Reihe DIN VDE 0100 – gelten als anerkannte Regeln der Technik. Doch DIN-Normen sind private technische Regelungen mit Empfehlungscharakter. Sie können die anerkannten Regeln der Technik wiedergeben, können aber hinter ihnen zurückbleiben (BGH VII ZR 184/97 [6]).

Durch Gesetze und Rechtsvorschriften können sie jedoch „Quasi-Gesetzescharakter" erhalten. In solchen Gesetzen kann sinngemäß gefordert werden, dass die anerkannten Regeln der Technik einzuhalten sind.

Allgemeine Regeln der Technik

Nach dem Energiewirtschaftsgesetz (EnWG) [7] sind bei der Errichtung und Unterhaltung von Anlagen zur Erzeugung, Fortleitung und Abgabe von Elektrizität die allgemein anerkannten Regeln der Technik zu beachten. Soweit Anlagen aufgrund von Regelungen der Europäischen Gemeinschaft dem in der Gemeinschaft gegebenen Stand der Sicherheitstechnik entsprechen müssen, ist dieser maßgebend.

Das Einhalten der allgemein anerkannten Regeln der Technik oder des in der Europäischen Gemeinschaft gegebenen Stands der Sicherheitstechnik wird vermutet, wenn z. B. die technischen Regeln des VDE Verband der Elektrotechnik Elektronik Informationstechnik beachtet worden sind. Im Übrigen wird die Einhaltung des in der Europäischen Gemeinschaft gegebenen Stands der Sicherheitstechnik ebenfalls vermutet, wenn technische Regeln einer vergleichbaren Stelle in der Europäischen Gemeinschaft beachtet wurden.

Gesetzliche Grundlage

Durch diese Rechtsordnung ist der Errichter von Niederspannungsanlagen, d. h. jeder Elektroinstallateur, gesetzlich verpflichtet, bei der Errichtung alle innerhalb der maßgebenden Fachwelt bekannten handwerklichen Grundsätze und technischen Bestimmungen einzuhalten. Dabei hat der Gesetzgeber den DIN-VDE-Normen eine wichtige Rolle beigemessen. Sind die Anforderungen der DIN-VDE-Normen eingehalten, ist die Vermutung begründet, dass die allgemein anerkannten Regeln der Technik erfüllt sind und damit auch die im Verkehr erforderliche Sorgfalt gewahrt ist (VDE 0022 [8]).

Fortbildung Pflicht

Der Errichter von Niederspannungsanlagen, d. h. der Elektroinstallateur, ist darüber hinaus verpflichtet, sich ständig fortzubilden, sodass ihm die Vorgaben und auch die Hintergründe der anerkannten Regeln der Elektrotechnik bekannt sind. Unterlässt er dies, ist Fahrlässigkeit sowohl im zivilrechtlichen wie auch strafrechtlichen Sinne anzunehmen. Fahrlässig handeln heißt, bestehende Sorgfaltspflichten nicht zu beachten und dadurch – ohne es zu wollen – gegebenenfalls Unfälle zu verursachen.

Die rechtliche Bedeutung der DIN-VDE-Normen ist für den Praktiker spätestens dann von Wichtigkeit, wenn es zu einem Unfall in einer von ihm errichteten Anlage kommt. Kann der Errichter der Anlage nachweisen, dass er die anerkannten Regeln der Technik eingehalten hat, ist die gesetzliche Vermutung begründet, dass die gebotene Sorgfalt beachtet wurde. In diesem Fall kann nicht von Fahrlässigkeit ausgegangen werden.

Prüfprotokolle zehn Jahre aufbewahren

In diesem Zusammenhang sei auf die rechtliche Bedeutung der Prüfprotokolle hingewiesen. Der Errichter der Anlage kann durch Prüfprotokolle nachweisen, dass die elektrische Anlage während und nach der Errichtung geprüft wurde und dass die geforderten Werte eingehalten wurden. Allerdings sind die Prüfprotokolle nur dann von Wert, wenn sie über einen ausreichend langen Zeitraum, mindestens zehn Jahre, aufbewahrt werden. In DIN VDE 0100-600:2017-06 wurde nun unter Abschnitt 6.4.4 die Verpflichtung zum Erstellen eines Prüfberichts aufgenommen.

Mindestinhalte

Die Inhalte eines Prüfberichts sind in Abschnitt 6.4.4 festgelegt, wobei im Besonderen festgelegt ist, dass Aufzeichnungen (z. B. Messprotokolle) Teil der Dokumentation sein müssen. Die Mindestinhalte eines Prüfberichts enthält der normative Anhang NA.

Checklisten zugelassen

Unter Beachtung der Mindestanforderungen kann die Dokumentation in Form eines Standardprüfberichts oder individuell für eine spezielle Prüfung erstellt werden. Die Dokumentation der Prüfung kann dabei anhand von Checklisten erfolgen. Dabei müssen nicht alle Messwerte aufgezeichnet werden, wie Isolationswiderstandswerte oder Niederohmwerte, sondern nur die für die Bewertung wesentlichen Messwerte. Deutliche Abweichungen von den erwarteten Messwerten müssen jedoch immer dokumentiert werden. Auf besonderen Wunsch des Auftraggebers können natürlich auch einzelne Messwerte in den Bericht aufgenommen werden.

Bewertung von Messergebnissen wichtig

Wichtig bei der Erstellung des Prüfberichts ist die abschließende Bewertung der Prüfergebnisse und die Bestätigung, dass die Anforderungen der Normen eingehalten wurden.

Für das Handwerk hat der Bundesfachbereich „Elektrotechnik“ des Zentralverbands der Deutschen Elektro- und Informationstechnischen Handwerke (ZVEH) einen Vordruck „Prüfen elektrischer Anlagen, Übergabeberichte/Zustandsbericht“ erarbeitet, der dem Elektrofachmann eine wertvolle Hilfe bei der Protokollierung der Prüfergebnisse sein kann (siehe Kapitel 17 dieses Buchs). Das Prüfprotokoll eignet sich sowohl für elektrische Anlagen im Wohnungsbau als auch in gewerblich genutzten Gebäuden.

Produkthaftung

Durch die „Produkthaftung“ kommen auf den Handwerker auch privatrechtliche Haftungsverpflichtungen zu. Im Elektrohandwerk entsprechen die Prüfungen nach DIN VDE 0100-600 quasi einer „Fertigungskontrolle“; sie ermöglichen das Erkennen von Fehlern. Hierdurch kann das Risiko der Produkthaftung gemindert werden.

Das Einhalten der Anforderungen der DIN-VDE-Normen beginnt mit dem Verwenden von VDE-gemäßem Installationsmaterial (dokumentiert durch das VDE-Prüfzeichen), der Errichtung der Anlage nach den Anforderungen der DIN VDE 0100 sowie dem abschließenden Prüfen nach Teil 600 dieser DIN-VDE-Norm. Fehlt nur eine dieser Voraussetzungen, entspricht die Anlage nicht den DIN-VDE-Anforderungen.

3 Prüfungen

3.1 Erstprüfungen

Vor der ersten Inbetriebnahme einer neu errichteten Niederspannungsanlage wie auch einer erweiterten oder geänderten Anlage sind die in DIN VDE 0100-600 geforderten Prüfungen durchzuführen, um nachzuweisen, dass alle Anforderungen der Normen der Reihe DIN VDE 0100 erfüllt sind.

Zusätzliche Prüfungen

Für besondere Niederspannungsanlagen oder für spezielle elektrische Ausrüstung von z. B. Maschinen können bei den Erstprüfungen weitere Prüfungen notwendig sein. Solche zusätzlichen Anforderungen können z. B. aus folgenden Normen hervorgehen:

- Normen der Gruppe 700 der DIN VDE 0100, z. B. Teil 718 für bauliche Anlagen für Menschenansammlungen [9],
- DIN EN 50172 (**VDE 0108-100**) für Sicherheitsbeleuchtungsanlagen [10],
- DIN EN 60204-1 (**VDE 0113-1**) für die elektrische Ausrüstung von Maschinen [11],
- DIN EN 50178 (**VDE 0160**) für Anlagen mit elektronischen Betriebsmitteln [12],
- Normen der Reihe VDE 0165 für elektrische Anlagen in explosionsgefährdeten Bereichen [13],
- Normen der Reihe DIN EN 62305-*x* (**VDE 0185-305-*x***) für den Blitzschutz [14].

Prüfungen aus Verordnungen

Es können aber auch Verordnungen, wie die Landesbauordnungen, oder vertragsrechtliche Forderungen zu berücksichtigen sein, z. B. die von den Feuerversicherungen herangezogenen VdS-Bestimmungen VdS 2871 für gewerbliche Anlagen [15].

Elektrofachkräfte dürfen prüfen

Wer Prüfungen nach DIN VDE 0100-600 durchführen will, muss Elektrofachkraft sein und darüber hinaus Erfahrungen beim Prüfen elektrischer Anlagen besitzen. Dies setzt Kenntnisse der zu berücksichtigenden Normen und Erfahrung mit den verwendeten genormten Messgeräten voraus. Die Erstprüfungen umfassen das Besichtigen, Erproben und Messen, daneben aber auch eine Bewertung, ob alle Anforderungen eingehalten sind. Die Erstprüfung beendet gewissermaßen die Arbeiten an den neu errichteten Anlagen bzw. an Anlagenteilen. Bei Erweiterungen oder Änderungen in bestehenden Anlagen müssen die Prüfungen nach Teil 600 der DIN VDE 0100 nur im Bereich der Neuinstallation durchgeführt werden. Dabei muss auch überprüft werden, ob die Sicherheit der bereits bestehenden Anlage nicht durch die Erweiterung oder Änderung beeinträchtigt wird.

Gültigkeit zum Zeitpunkt der Fertigstellung

Für Altanlagen gelten grundsätzlich die Anforderungen, die zum Zeitpunkt der Errichtung der elektrischen Anlage gültig waren. Somit behalten die älteren VDE-Normen für bestehende Anlagen auch weiterhin ihre Gültigkeit.

Bei neu errichteten elektrischen Anlagen gelten die zum Zeitpunkt der Fertigstellung gültigen Normen. Bei Neuausgabe einer Norm wird in der Regel für die Vorgängernorm eine Übergangsfrist genannt, sodass diese für elektrische Anlagen, die in der Zeit der Vorgängernorm geplant wurden, auch noch gültig ist, obwohl schon eine neuere Ausgabe herausgegeben wurde. Beispiel siehe DIN VDE 0100-410:2018-10 (**Bild 3.1**).

DIN VDE 0100-410 (VDE 0100-410):2018-10

Anwendungsbeginn

Anwendungsbeginn dieser Norm ist 2018-10-01.

Für DIN VDE 0100-410 (VDE 0100-410):2007-06 und DIN VDE 0100-739 (VDE 0100-739):1989-06 besteht eine Übergangsfrist bis 2020-07-07.

Bild 3.1 Anwendungsbeginn der DIN VDE 0100-410:2018-10 mit Übergangsfrist (Quelle: DIN VDE 0100-410:2018-10)

3.2 Wiederkehrende Prüfungen

Anforderungen an wiederkehrende Prüfungen enthält DIN VDE 0105-100/A1, weil diese Prüfungen nicht zum Errichten, sondern zum Betrieb von elektrischen Anlagen gehören.

3.3 Prüfungen an instand gesetzten elektrischen Betriebsmitteln

Entsprechend der DGUV-Vorschrift 3 sind auch stationäre und ortsveränderliche elektrische Betriebsmittel nach Instandsetzungsarbeiten und Änderungen zu prüfen. Nach DIN VDE 0105-100 müssen Werkzeuge und Hilfsmittel, die für Arbeiten an und in der Nähe elektrischer Anlagen vorgesehen sind, sich im ordnungsgemäßen Zustand befinden und in regelmäßigen angemessenen Zeitabständen überprüft werden.

Sicherheitsprüfungen nach Instandsetzungsarbeiten oder Änderungen an elektrischen Betriebsmitteln sind entsprechend DIN VDE 0701-0702 [16] durchzuführen.

4 Besichtigen

4.1 Allgemeines

Besichtigen ist entsprechend der Definition im Teil 600 die Untersuchung der elektrischen Anlage mit allen Sinnen, um festzustellen, ob deren Ausführung normgerecht ist. Es hat vor dem Erproben und Messen stattzufinden, im Allgemeinen bei abgeschalteter Anlage und schon während der Errichtungsphase. „Mit allen Sinnen“ bedeutet, dass unter Besichtigen im Sinne der Norm neben dem bewussten Ansehen der elektrischen Anlage auch andere Wahrnehmungen verstanden werden, z. B. Riechen, Hören und Fühlen.

Erste Phase der Prüfung

Die Besichtigung ist die erste Phase einer Prüfung und Voraussetzung für das spätere Erproben und Messen. Sie sollte durchgeführt werden, solange die Anlage noch spannungsfrei ist. Die Anforderungen sind unmittelbar dem jeweiligen Teil der DIN VDE 0100 zu entnehmen. Wesentliche Teile der elektrischen Anlage können durch Besichtigen geprüft werden.

Besichtigung während der Errichtung

Im Unterschied zum Erproben und Messen muss das Besichtigen nicht grundsätzlich erst nach Fertigstellung einer elektrischen Anlage erfolgen, sondern kann recht häufig schon im Laufe ihrer Errichtung vorgenommen werden. So können z. B. viele Anforderungen an die Leitungsverlegung nur vor dem Verputzen der Leitungen durch Besichtigen geprüft werden. Auch diese „vorgezogene“ Prüfung muss protokolliert werden.

4.2 Umfang des Besichtigens

Durch Besichtigen soll zunächst geprüft werden, dass die Betriebsmittel der festen Installation den entsprechenden Betriebsmittelnormen genügen. Dies kann durch Überprüfung der Kennzeichnung, z. B. des VDE-Zeichens oder der CE-Kennzeichnung, oder durch die Überprüfung der zugehörigen Dokumente erfolgen.

Herstellerangaben prüfen

Außerdem ist zu prüfen, ob alle Anforderungen der DIN VDE 0100 und gegebenenfalls die aus mitgelieferten Betriebsanleitungen hervorgehenden Vorgaben der Hersteller erfüllt sind. Hierbei sind auch Vorgaben zu den Umgebungsbedingungen zu berücksichtigen, z. B. Anforderungen an die Temperatur, oder der elektromagnetischen Verträglichkeit.

Schließlich ist zu prüfen, dass keine sichtbaren Beschädigungen vorhanden sind, durch die die Sicherheit beeinträchtigt werden kann.

Art des Schutzes gegen elektrischen Schlag

Bei dem Besichtigen der Schutzmaßnahmen gegen elektrischen Schlag ist das Vorhandensein des Basisschutzes und des Fehlerschutzes zu prüfen. Die Vorkehrungen für den Basisschutz enthalten die Anhänge A und B der DIN VDE 0100-410:2018-06. Er besteht aus der Basisisolierung, dem Schutz durch Abdeckungen oder Umhüllungen, dem Schutz durch Hindernisse und dem Schutz durch Abstand. Hier sind insbesondere die Maße für die erforderliche Schutzart und die Abstände zu überprüfen. Dabei ist zu beachten, dass einige der aufgeführten Maßnahmen nicht überall, sondern nur in elektrischen Betriebsräumen zulässig sind.

Basisschutz

Der Basisschutz durch Isolierung muss durch den Hersteller der Betriebsmittel sichergestellt werden. Durch Besichtigen sollte festgestellt werden, ob der Schutz durch Isolierung vollständig und unbeschädigt ist.

Schutzisolierung

Bei Betriebsmitteln der Schutzklasse II wird der Basisschutz und Fehlerschutz durch doppelte oder verstärkte Isolierung des Betriebsmittels gewährleistet (auch als Schutzisolierung bezeichnet). Durch Besichtigen sollte z. B. geprüft werden, dass

- keine Schäden an der Isolierstoffumhüllung vorhanden sind,
- leitfähige berührbare Teile von Betriebsmitteln der Schutzklasse II nicht an den Schutzleiter angeschlossen sind,
- keine leitfähigen Teile durch die Isolierstoffumhüllung geführt sind, sodass Spannungen verschleppt werden können.

Schutz bei Betätigungselementen

Die Anforderungen an die Anordnung von Betätigungselementen in der Nähe von spannungsführenden Teilen enthält DIN EN 61439-1 (**VDE 0660-600-1**) [17]. Die Einhaltung der Anforderungen ist durch den Hersteller des Schaltschranks zu gewährleisten. Nach der Errichtung sollte jedoch geprüft werden, ob alle evtl. bei der Montage entfernten Abdeckteile wieder angebracht wurden.

Schutz gegen thermische Einflüsse

DIN VDE 0100-420 [18] enthält Anforderungen zum Schutz von Personen, Nutztieren und Sachen gegen thermische Einflüsse benachbarter elektrischer Betriebsmittel beschrieben. In dieser Norm werden allgemeine Anforderungen an den Brandschutz (Wärmeleitfähigkeit, Abstand, Wärmestau, Betriebsmittel mit entflammbaren Flüssigkeiten) und an den Schutz gegen Verbrennungen (beim Berühren) sowie gegen Überhitzung (Oberflächentemperaturen) festgelegt.

Überlast und Kurzschluss von Kabel und Leitungen

DIN VDE 0100-430 [19] gilt für den Schutz von Kabeln und Leitungen gegen zu hohe Erwärmung. Sie regelt den Schutz gegen Überlast und bei Kurzschluss und welche Bedingungen bezüglich Strombelastbarkeit der Kabel und Abschalteinrichtungen einzuhalten sind.

Verlegung von Kabeln und Leitungen

DIN VDE 0100-520 [20] behandelt die Verfahren zum Verlegen von Kabeln und Leitungen. Der Abschnitt 527 regelt die Anforderungen zur Begrenzung von Bränden, insbesondere die Vorkehrungen innerhalb eines Brandabschnitts und den Verschluss von Kabel- und Leitungsdurchbrüchen. Dort wird auch darauf hingewiesen, dass bereits während der Errichtung die Verschlüsse zu prüfen sind und dass auch vorübergehende Vorrichtungen zum Verschluss erforderlich sein können.

Brandschutz

Die Ausdehnung eines Brands muss durch die Auswahl geeigneter Materialien bei den Betriebsmitteln, insbesondere der Kabel und Leitungen, und durch ihre Errichtung nach Abschnitt 527 minimiert werden. Kabel- und Leitungsdurchbrüche in Fußböden, Wänden, Decken und Zwischenwänden müssen nach der Durchführung verschlossen werden. Dabei ist die erforderliche Feuerwiderstandsdauer zu berücksichtigen. Ebenso sind Elektroinstallationsrohre und -installationskanäle sowie Stromschienenkanalsysteme entsprechend der für das Gebäudeelement vorgegebenen Feuerwiderstandsdauer zu verschließen. Die Anforderungen sind erfüllt, wenn typgeprüfte Kabelschottungen verwendet oder spezielle Installationskanäle eingesetzt werden.

Durchführungen durch Brandschutzwände müssen z. B. mit feuerhemmenden Verschlussmaterialien verschlossen sein, siehe **Bild 4.1**. Bei der Erweiterung einer elektrischen Anlage muss eine Brandschottung komplett erneuert werden und das Kennzeichnungsschild ausgetauscht worden sein.

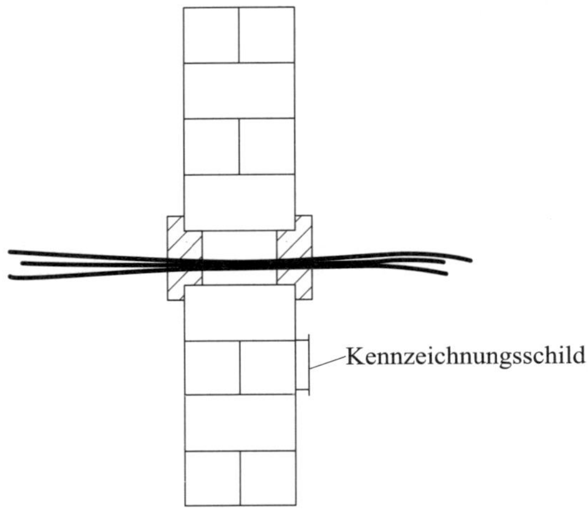

Bild 4.1 Verschluss einer Mauerdurchführung

Das verwendete Material für die Brandschottung (vorgegeben durch den Fachplaner Brandschutz) muss vom Deutschen Institut für Bautechnik (DIBt) [21] zugelassen sein. Hierüber muss dem Prüfer der elektrischen Anlage bei der Prüfung durch Besichtigen ein Dokument zur Verfügung gestellt werden.

In der Nähe einer Brandschottung bei der Durchführung von Leitungen durch Brandwände oder -decken muss ein Kennzeichnungsschild mit den Herstellerangaben angebracht sein, siehe **Bild 4.2**.

Name des Herstellers: ____________
Bezeichnung des
Abschottungssystems: ____________
Zulassungsnummer: ____________
Herstellungsjahr: ____________
Widerstandsdauer: ____________
Schottnummer: ____________

Bild 4.2 Kennzeichnung einer Kabelabschottung

Statik bei Durchbrüchen

Wenn Kabel- und Leitungssysteme durch tragende Gebäudeelemente geführt werden, darf die Statik durch das Hindurchführen nicht beeinträchtigt sein.

Material für Brandschottung

Die Mittel der Abdichtungen von Brandabschottungen sollten daraufhin geprüft werden, ob sie den Anforderungen nach DIN EN 13501-1 [22] entsprechen. Dabei sind z. B. folgende Prüfungen erforderlich:

- Verträglichkeit mit den Werkstoffen des Kabel- und Leitungssystems, mit denen sie in Berührung kommen,
- Einhaltung der Verschlussqualität bei thermischen Bewegungen des Kabel- und Leitungssystems,
- angemessene mechanische Festigkeit bei Zerstörung der Befestigungen des Kabel- und Leitungssystems infolge eines Brands (z. B. Anforderungen an Schellen und Halterungen),
- ausreichender Halt durch die Konstruktion des Kabelschotts.

Strombelastbarkeit und Spannungsfall

Kabel und Leitungen sind so zu bemessen, dass die Strombelastbarkeit im ungestörten Betrieb und im Kurzschlussfall und der für die Betriebsmittel zulässige Spannungsfall nicht überschritten wird. Die Anforderungen an die Strombelastbarkeit von Kabeln und Leitungen sind national in der DIN VDE 0298-4 [23] festgelegt.

Spannungsfall

Bezüglich der Anforderungen an den Spannungsfall enthält Abschnitt 525 der DIN VDE 0100-520:2013-06 (siehe Kapitel 16 dieses Buchs). Beiblatt 5 der DIN VDE 0100 [24] enthält Tabellen zur Bestimmung der maximalen Kabel-/Leitungslängen zur Einhaltung eines vorgegebenen Spannungsfalls. Diese Vorgaben sollten bereits während der Planung zugrunde gelegt werden. Weitere Erläuterungen und Beispiele enthält DIN VDE 0100-520 Beiblatt 2 [25].

Schutz- und Überwachungseinrichtungen

Die Anforderungen an die Auswahl und Errichtung elektrischer Betriebsmittel enthält DIN VDE 0100-530 [26]. DIN VDE 0100-534 [27] enthält die Anforderungen an Überspannungsschutzeinrichtungen (SPDs).

Darüber hinaus sind bei der Auswahl und Einstellung der Überstromschutzeinrichtungen für den Schutz bei Überlast die Verlegearten, die Umgebungstemperatur, Häufungen und andere Einflüsse nach DIN VDE 0298-4 zu beachten und für den Schutz bei Kurzschluss die DIN VDE 0100-430, DIN VDE 0100 Beiblatt 5 und DIN VDE 0100-520 Beiblatt 2.

Kurzschlussstrom am Einspeisepunkt

Der am Einspeisepunkt auftretende größte Kurzschlussstrom muss im Allgemeinen nicht berechnet werden, sondern es genügt die Einhaltung der Anforderungen der TAB (Grundlage der Bedingungen sind die „Technischen Anschlussbedingungen: Bundesmusterwortlaut der TAB 2007 [28]), die vom örtlich zuständigen Netzbetreiber herausgegeben wird.

Wegen des zu großen Aufwands bei der Messung hoher Kurzschlussströme wurde die Prüfung allein auf den Aspekt „Besichtigen“ beschränkt.

Auszug aus der VDE 0100-600:2017-06, Abschnitt 6.4.2.3 d) als Anmerkung:

Der auftretende größte Kurzschlussstrom braucht für Hausinstallationen mit Anschluss an ein öffentliches Versorgungsnetz im Allgemeinen nicht errechnet oder gemessen zu werden. Es genügt hier im Regelfall die Einhaltung der Anforderungen der zum Errichtungszeitraum gültigen Technischen Anschlussbedingungen für den Anschluss an das Niederspannungsnetz (TAB) (Bezugsquelle: der örtlich zuständige Netzbetreiber), in denen abhängig vom Einbauort der elektrischen Betriebsmittel die Kurzschlussstromfestigkeit gefordert wird.

Überstromschutzeinrichtungen

Die ordnungsgemäße Funktion der verwendeten Überstromschutzeinrichtungen muss vom Hersteller der Betriebsmittel sichergestellt werden. Nach dem Einbau in der Anlage sind lediglich die folgenden Kriterien zu kontrollieren:

- richtige Zuordnung und/oder Einstellung der Überstromschutzeinrichtungen,
- Kurzschlussfestigkeit und/oder Schaltvermögen der Betriebsmittel für den an ihrem Einbauort größtmöglichen Kurzschlussstrom.

Trenn- und Schaltgeräte

DIN VDE 0100-460 [29] enthält Anforderungen zum Trennen und Schalten. Danach muss jede Einrichtung, die zum Trennen und Schalten vorgesehen ist, der DIN VDE 0100-530 [26] entsprechen. Weiterhin sind z. B. folgende Aspekte zu berücksichtigen:

- Maßnahmen zur Trennung aller aktiven Leiter von der Stromversorgung,
- Maßnahmen gegen das unbeabsichtigte Einschalten von Betriebsmitteln,
- Warnhinweise bei Mehrfachversorgungen,
- Maßnahmen zum Ausschalten und gegen unbeabsichtigtes Wiedereinschalten von elektrisch versorgten mechanischen Betriebsmitteln,
- Ausschaltung im Notfall (Not-Aus, Not-Halt),
- Schalter zum betriebsmäßigen Schalten (Steuern),
- Anforderungen an Hilfsstromkreise.

Außerdem sollte bedacht werden, ob Anforderungen zur elektrischen Ausrüstung von Maschinen aus der DIN EN 60204-1 (**VDE 0113-1**) zu berücksichtigen sind.

Äußere Einflüsse am Einbauort

Elektrische Betriebsmittel müssen für den an ihrem Einsatzort anzutreffenden Umgebungsbedingungen geeignet sein. Diese können z. B. durch Temperaturen, Feuchtigkeit, Staub, mechanische oder elektromagnetische Beeinflussungen, Sonneneinstrahlung, aber auch durch den benutzenden Personenkreis (z. B. Elektrofachkräfte, Laien, Behinderte, Kinder) geprägt sein. Abschnitt 512.2 aus DIN VDE 0100-510:2014-10 [30] verweist auf einen informativen Anhang dieser Norm, in dem die Klassifizierung elektrischer Betriebsmittel unter äußeren Umgebungseinflüssen vorgenommen wird.

Anforderungen an den Schutz von Kabeln und Leitungen bei den unterschiedlichen Umgebungsbedingungen sind im Abschnitt 522 der DIN VDE 0100-520:2014-10 beschrieben. Maßnahmen zum Brandschutz in Orten mit besonderen Risiken und Gefahren enthält DIN VDE 0100-420.

Kennzeichnung von Neutral- und Schutzleiter

Die Farbkennzeichnung von Neutral- und Schutzleitern muss DIN VDE 0100-510: 2014-10, Abschnitt 514.3 sowie DIN EN 60445 (**VDE 0197**) [31] entsprechen. Dabei muss die Kombination grün-gelb zur Kennzeichnung des Schutzleiters und darf für keinen anderen Zweck verwendet werden. Auch blanke Leiter oder Sammelschienen, die als Schutzleiter verwendet werden, müssen über die gesamte Länge jedes Leiters oder in jedem Feld entsprechend gekennzeichnet sein (dies gilt nicht für fremde leitfähige Teile oder Konstruktionsteile, die als Schutzleiter verwendet werden). Bei Klebeband ist zweifarbiges Band zu verwenden. Wenn der Schutzleiter durch Form, Aufbau oder Anordnung leicht zu erkennen ist, ist die farbliche Kennzeichnung über die gesamte Länge nicht notwendig, die Enden oder zugängliche Stellen sollten aber deutlich gekennzeichnet sein. Isoliert verlegte PEN-Leiter müssen im gesamten Verlauf grün-gelb sein mit einer hellblauen Markierung an den Leiterenden markiert sein.

Für den Neutralleiter bei Wechselstrom und Mittelleiter bei Gleichstrom ist die Farbe Hellblau vorgesehen. Wenn in einem mehradrigen Kabel kein Neutral- oder Mittelleiter vorhanden ist, darf die Farbe Hellblau jedoch auch für andere Zwecke (ausgenommen als Schutzleiter) verwendet werden.

Schaltungsunterlagen, Warnhinweisen und anderen Informationen

Entsprechend DIN VDE 0100-510:2014-10, Abschnitt 514.5 müssen Schaltpläne, Diagramme und Tabellen vorhanden sein, aus denen Art und Aufbau der Stromkreise, Anzahl und Querschnitte der Leiter und die Art der Kabel- und Leitungsverlegung hervorgehen. Außerdem müssen die zur Identifizierung der Schutz-, Trenn- und Schalteinrichtungen erforderlichen Kennzeichnungen ersichtlich sein.

Schaltpläne sind insbesondere erforderlich, wenn die Anlage mehrere Stromkreisverteiler enthält. Bei einfachen Anlagen dürfen die erforderlichen Informationen auch aus Listen oder Tabellen hervorgehen. Die Dokumentation ist unter anderem erforderlich, um später erforderliche Änderungen und Wiederholungsprüfungen durchführen zu können.

Weitere wesentliche Informationen für die Montage und den Betrieb der elektrischen Betriebsmittel gehen aus den Montage- und Betriebsanleitungen der Hersteller hervor. Ihre Anwendung sollte ebenfalls mit der Besichtigung geprüft werden.

Kennzeichnung von Stromkreisen und Betriebsmittel

Schilder und Kennzeichnungen sind vorgesehen, um den Verwendungszweck zu erkennen und Verwechslungen zu vermeiden. Die Anforderungen dazu enthält DIN VDE 0100-510:2014-10, Abschnitt 514. Sie betreffen u. a. die Kennzeichnung von

- Kabel- und Leitungssystemen,
- Neutralleitern und Schutzleitern,
- Schutzeinrichtungen.

Ordnungsgemäße Leiterverbindungen

Verbindungen zwischen Leitern oder zwischen Leitern und Betriebsmitteln müssen entsprechend DIN VDE 0100-520:2013-06, Abschnitt 526 für eine dauerhafte Stromübertragung bemessen sein und eine angemessene mechanische Festigkeit haben. Im Zweifelsfall wird empfohlen, den Widerstand der Verbindungen zu messen. Der Widerstand sollte nicht größer sein als der Widerstand eines Leiters von 1 m Länge und einem Querschnitt, der dem kleinsten Querschnitt der verbundenen Leiter entspricht.

Schutzleiter

In DIN VDE 0100-540 [32] sind Mindestquerschnitte festgelegt. Fremde leitfähige Teile dürfen nicht als Schutzleiter verwendet werden.

Zugänglichkeit von Betriebsmitteln

Gemäß DIN VDE 0100-510:2014-10, Abschnitt 513 müssen elektrische Betriebsmittel so angeordnet sein, dass ihre betriebsmäßige Bedienung, Inspektion und Wartung sowie der Zugang zu lösbaren Verbindungen leicht möglich ist. Durch den Einbau in Gehäuse oder anderen Einbauräumen darf dies nicht wesentlich beeinträchtigt sein.

Nach DIN VDE 0100-530:2018-06, Abschnitt 537.3 müssen Geräte zum Ausschalten für mechanische Instandhaltung und Geräte für Not-Aus so angebracht und gekennzeichnet sein, dass sie leicht erkennbar und leicht zugänglich sind.

5 Messgeräte und Messwerte

5.1 Messgeräte

Eine Prüfung der Schutzmaßnahmen ist nur mit geeigneten Messgeräten möglich. Deshalb ist es erforderlich, normgerechte Messgeräte zu verwenden. Für die Prüfung von Schutzmaßnahmen ist in der DIN VDE 0100-600 gefordert, Messgeräte zu verwenden, die die Anforderungen der Normen der Reihe DIN EN 61557 (**VDE 0413**) [33] „Geräte zum Prüfen, Messen oder Überwachen von Schutzmaßnahmen" erfüllen. Zielsetzung dieser Normenreihe ist:

- Schutz des Prüfers und Unbeteiligter während der Messung,
- vergleichbare Messergebnisse bei Messgeräten verschiedener Hersteller,
- vertretbarer Messaufwand in der Praxis.

Arten von Messgeräten

Tabelle 5.1 enthält für die verschiedenen Messgeräte die zugehörigen DIN-VDE-Normen mit den maximal zulässigen Betriebsmessabweichungen aufgeführt. Die Messabweichungen beziehen sich auf Bemessungsbedingungen, wie

- Umgebungstemperatur 0 °C bis 35 °C,
- 85 % bis 110 % Nennversorgungsspannung bei Netzversorgung,
- Gebrauchslage,
- konstante Netzspannung während des Messvorgangs,
- sinusförmiger Strom.

Geräte zum Prüfen, Messen oder Überwachen von Schutzmaßnahmen	**DIN EN 61557 (VDE 0413)**
1. Allgemeine Anforderungen	DIN EN 61557-1 (**VDE 0413-1**) übergeordnete Bemessungsbedingungen (sofern zutreffend und in den einzelnen Teilen nicht anders festgelegt): • Temperaturbereich 0 °C bis 35 °C, • 90° zur Referenzlage, • 85 % bis 110 % Nennversorgungsspannung bei Netzversorgung, • Frequenz der Versorgungsspannung ±1 %, • Schutzklasse II (ausgenommen Messeinrichtungen nach Teil 8), • Fremdspannungsfestigkeit, • Verschmutzungsgrad 2 (nach DIN EN 61010-1 (**VDE 0411-1**) [34]), • Überspannungskategorie II (bei Netzversorgung III), • Batteriekontrolleinrichtung bei Messgeräten mit Batterie- bzw. Akkumulatorversorgung
2. Isolationswiderstand	DIN EN 61557-2 (**VDE 0413-2**) • Gleichspannung als Ausgangsspannung, • Nennstrom ≥ 1 mA, • Messstrom ≤ 15 mA, • Betriebsmessabweichung ≤ ±30 % vom Messwert, • Fremdspannungsfestigkeit bis 120 %, • kein unbeabsichtigtes Berühren von aktiven Teilen
3. Schleifenwiderstand	DIN EN 61557-3 (**VDE 0413-3**) • Betriebsmessabweichung ≤ ±30 % vom Messwert, • Netzimpedanzwinkel $\cos\varphi \geq 0{,}95$, • keine Gefahr durch Berührungsspannung von mehr als 50 V im zu prüfenden Netz, • bei Anschluss an 120 % der Nennspannung darf die zulässige Berührungsspannung nicht überschritten werden, Schutzeinrichtungen dürfen nicht ansprechen, • bei Anschluss an 173 % der Nennspannung keine Gefährdung für Bediener und Messgerät, Schutzeinrichtungen dürfen ansprechen
4. Widerstand von Erdungsleitern, Schutzleitern und Potentialausgleichsleitern	DIN EN 61557-4 (**VDE 0413-4**) • Gleich- oder Wechselspannung Leerlaufspannung 4 V bis 24 V, • Messstrom ≥ 0,2 A im minimalen Messbereich, • Skaleneinteilung 0,5 mm je 0,1 Ω, • Betriebsmessabweichung ≤ ±30 % eindeutige Grenzwertanzeige, • Spannungsfestigkeit 120 % Netznennspannung, • Polwender bei Gleichspannung

Tabelle 5.1 Messgeräte zur Prüfung von Schutzmaßnahmen und ihre zulässige Betriebsmessabweichung bei den maßgeblichen Bemessungsbedingungen

Geräte zum Prüfen, Messen oder Überwachen von Schutzmaßnahmen	**DIN EN 61557 (VDE 0413)**
5. Erdungswiderstand	DIN EN 61557-5 (**VDE 0413-5**) • Wechselspannung als Ausgangsspannung, • Betriebsmessabweichung ≤ ±30 % vom angezeigten Messwert unter Bemessungsbedingungen, • keine gefährliche Berührungsspannung, • Spannungsfestigkeit 120 % Netznennspannung, • festgelegter Sonden- und Hilfserderwiderstand
6. Fehlerstrom-Schutzeinrichtungen (RCDs)	DIN EN 61557-6 (**VDE 0413-6**) • Betriebsmessabweichung des Prüfstroms und der Messung des Auslösestroms, • 0 % bis 10 % des Bemessungsdifferenzstroms, • Betriebsmessabweichung bei Messung der Fehlerspannung 0 % bis 20 % der zulässigen Berührungsspannung, • Einhalten der zulässigen Auslösezeit muss erkennbar sein, Betriebsmessabweichung ±10 %, • Einhalten der zulässigen Berührungsspannung beim Bemessungsdifferenzstrom muss erkennbar sein, • bei $I_{\Delta n}$ ≤ 30 mA muss Prüfung mit fünffachem Wert möglich sein, Prüfdauer auf 40 ms begrenzt, • keine gefährliche Berührungsspannung, • Spannungsfestigkeit 120 % Netznennspannung ohne, 173 % mit Ansprechen von Schutzeinrichtungen
7. Drehfeld	DIN EN 61557-7 (**VDE 0413-7**) • Abweichung von Netznennfrequenz ±5 %, • Spannungsfestigkeit 120 % Netznennspannung, • Berührungssichere Gerätesteckvorrichtungen, • Schutzklasse II
8. Isolationsüberwachungsgeräte	DIN EN 61557-8 (**VDE 0413-8**) • Überwachen von Wechselspannungsnetzen bzw. Wechselspannungsnetzen mit galvanisch verbundenen Gleichstromkreisen und Gleichspannungsnetzen, • Ansprechzeit ≤ 10 s bzw. 100 s, • Messstrom ≤ 10 mA, • Wechselstrominnenwiderstand, • ≥ 250 Ω/V, mindestens ≥ 15 kΩ, • Ansprechabweichung 0 % bis 30 % bzw. 0 % bis 50 %, • weitere Anforderungen gemäß Tabelle 1 der Norm
9. Einrichtungen zur Isolationsfehlersuche in IT-Systemen	DIN EN 61557-9 (**VDE 0413-9**) • Lokalisierung von symmetrischen und unsymmetrischen Isolationsfehlern, • Symmetrische Netzableitkapazität, • weitere Anforderungen gemäß Tabelle 1 der Norm
10. Kombinierte Messgeräte	DIN EN 61557-10 (**VDE 0413-10**)

Tabelle 5.1 (*Fortsetzung*) Messgeräte zur Prüfung von Schutzmaßnahmen und ihre zulässige Betriebsmessabweichung bei den maßgeblichen Bemessungsbedingungen

In den folgenden Abschnitten, in denen auf die speziellen Messverfahren eingegangen wird, sind weitere Anforderungen an die Messgeräte beschrieben. **Tabelle 5.2** vermittelt einen Überblick über weitere Mess- und Prüfgeräte und die zugrunde zu legenden Anforderungen der DIN-VDE-Normen.

Art der Mess- oder Prüfgeräte	Normen	Messgrößen
Durchgangsprüfgeräte	DIN VDE 0403	Widerstand
zweipolige Spannungsprüfer	DIN EN 61243-3 (**VDE 0682-401**)	Spannung
einpolige Spannungsprüfer	DIN VDE 0680-6	Spannung
Messgeräte mit Skalenanzeige	DIN EN 60051	Strom, Spannung
Prüf- und Messeinrichtungen zum Prüfen der elektrischen Sicherheit von elektrischen Geräten	DIN VDE 0404	Schutzleiterwiderstand, Isolationswiderstand, Ableitströme

Tabelle 5.2 Weitere Normen für Mess- und Prüfgeräte

5.2 Messwerte und deren Bewertung

Zum Messen zählt auch die Beurteilung, inwieweit bei Messgeräten mit einer Gut-Schlecht-Anzeige ein Grenzwert – gegebenenfalls unter Berücksichtigung des Messfehlers – eingehalten ist.

Werden Geräte mit Messwertanzeige verwendet, ist der Messwert – insbesondere im Grenzbereich – zu bewerten; dabei sind die Messfehler des Messgeräts und der Messmethode zu berücksichtigen. Für Messgeräte nach DIN EN 61557-1 (**VDE 0413-1**) ist die von der Norm bzw. dem Gerätehersteller vorgegebene Betriebsmessabweichung zu beachten; sie ist als Fehler unter Bemessungsbedingungen definiert.

Systematische Messfehler

Neben der Betriebsmessabweichung, also dem Fehler durch das Messgerät, müssen systematische Fehler (grundlegende Fehler der Messmethode) berücksichtigt werden; sie sind je nach Messaufgabe auf verschiedenartige Ursachen zurückzuführen. Die folgenden Unterabschnitte vermitteln hierzu eine stichwortartige Übersicht.

5.2.1 Schutzleiterwiderstand

Abweichung der Leitertemperatur bei der Messung (bei etwa 20 °C Raumtemperatur) von der Leitertemperatur im Fehlerfall.

Im Kurzschlussfall kann von einer maximalen Erwärmung auf 80 °C ausgegangen werden. Dies entspricht einer Vergrößerung des Schutzleiterwiderstands bei Kupferleitern um den Faktor 1,24.

Wenn der Schutzleiter mit den belasteten Leitern eines Stromkreises in einer gemeinsamen Umhüllung verlegt ist und der Stromkreis kurz vor der Messung belastet wurde, kann gegebenenfalls mit einem geringeren Wert als 1,24 gerechnet werden.

Ein weiterer Fehler bei der Messung von Schutzleiterwiderständen kann durch die verwendeten Messleitungen und durch Übergangswiderstände an der Kontaktstelle der Messspitzen, z. B. durch Korrosion an der Messstelle, entstehen.

5.2.2 Schleifenimpedanz

Abweichung der Leitertemperatur

Die Leitertemperatur, wie beim Schutzleiterwiderstand beschrieben, wirkt sich auch auf die Schleifenimpedanz aus. Im Anhang D der DIN VDE 0100-600:2017-06 enthält ein Verfahren zur Messung der Schleifenimpedanz angegeben unter Berücksichtigung des Anstiegs der Leiterwiderstände bei steigender Temperatur.

Impedanzwinkel der Netzimpedanz

Üblicherweise reicht der nahezu rein ohmsche Anteil der Leitungsimpedanz der Verbraucheranlage dafür, dass die gesamte Schleifenimpedanz einen für den Messfehler des Messgeräts zulässigen Impedanzwinkel annimmt. Eine einigermaßen genaue Eingrenzung des Impedanzwinkels ist mit praxisüblichen Messgeräten nicht möglich. Entsprechend ungenau muss daher auch die Abschätzung seines Einflusses auf die Exaktheit der Messung der Netzimpedanz sein, sofern ein zu großer Impedanzwinkel angenommen werden muss. Bei den Messgeräten nach DIN EN 61557-3 **(VDE 0413-3)** [35] wird bei Verwendung eines Wirkwiderstands als Belastungseinrichtung vorausgesetzt, dass der Leistungsfaktor $\cos\varphi$ des zu prüfenden Netzes größer als 0,95 ist.

Der Fehler durch den Impedanzwinkel ist bis zu diesem Wert bei der Betriebsmessabweichung berücksichtigt. Größere Fehler können nur unmittelbar hinter dem Transformator oder bei am Hausanschluss angeschlossenen Freileitungen auftreten. Daher ist die Messung des Schleifenwiderstands statt der von der Norm geforderten Schleifenimpedanz im Allgemeinen ausreichend.

Schwankungen der Netzspannung

Diese Schwankungen werden insbesondere durch Änderungen der Netzbelastung hervorgerufen, z. B. beim Anlauf von größeren Antrieben in bereits bestehenden Anlagenteilen. Kurzfristige Schwankungen lassen sich durch Mittelwertbildung von mehreren Messungen ausgleichen. Dies wird von den Messgeräten einiger Hersteller bereits automatisch durchgeführt. Länger andauernde anormale Lastzustände des Netzes lassen sich allenfalls durch Messung der Leerlaufspannung am Ort der Messung und eine Korrektur des Kurzschlussstroms bzw. der Netzimpedanz gemäß der vermuteten Leerlaufspannung des speisenden Netztransformators berücksichtigen.

Einfluss der Messleitung

Wenn Messleitungen insgesamt eine Länge von etwa 2 m haben und zusätzliche Übergangswiderstände ausgeschlossen werden können, braucht die Leitungsimpedanz im Messergebnis nicht berücksichtigt zu werden. Die heutigen Messgeräte sind mit Vierpolmessleitungen ausgestattet oder der Widerstand der Messleitungen lässt sich einkalibrieren.

5.2.3 Erderwiderstand

Beeinflussung des Messergebnisses (bei Sondenmessung) durch andere Erder: Es lässt sich verallgemeinerungsfähig nicht konkret darstellen, wie dieser Einfluss berücksichtigt werden könnte.

Jahreszeitliche Schwankungen des spezifischen Erdwiderstands infolge von Frost und Feuchtigkeit: Dieser Einfluss hängt natürlich wesentlich von der jeweiligen Verlegungstiefe, der Oberflächenabdeckung des Erdbodens und der Niederschlagsmenge der zurückliegenden Zeit ab. Auch hier lässt sich der Einfluss nur schwer abschätzen.

5.2.4 Bewertung der Messfehler

In vielen, wenn nicht gar den meisten Fällen lassen sich die systematischen Fehler nur durch einen deutlichen Abstand des gemessenen Werts vom Auslegungsgrenzwert berücksichtigen. Wie groß der Abstand gewählt werden sollte, lässt sich zahlenmäßig meist nur recht vage abschätzen, da es oft keine klaren Wertmaßstäbe gibt, z. B. zur Erfassung des Witterungseinflusses. In aller Regel liegt man auf der sicheren Seite, wenn man vereinfachend zusammen für den Fehler des Messgeräts (Betriebsmessabweichung = Fehler unter Bemessungsbedingungen) und den der Messmethode (systematischer Fehler) den Messwert verdoppelt bzw. halbiert.

Die Verdoppelung ist erforderlich, wenn es darum geht, einen oberen Grenzwert nicht zu überschreiten (z. B. Erdungswiderstand). Der gemessene Wert ist zu halbieren, wenn ein Mindestwert nicht unterschritten werden darf (z. B. Isolationswiderstand). Wenn mit einer solchen vereinfachenden Bewertung die Anforderungen, z. B. die Wirksamkeit der Abschaltung im TN-System (Schleifenimpedanz), nicht erfüllt werden, sind genauere Abschätzungen erforderlich. Voraussetzung für alle Messfehlerbewertungen ist, dass die Messgeräte regelmäßig kalibriert werden.

5.3 Kriterien zur Auswahl geeigneter Messgeräte

Die Anforderungen der DIN EN 61557-1 (**VDE 0413-1**) an Messgeräte müssen bei den ausgewählten Geräten erfüllt sein. Da Messgeräte für unterschiedliche Einsatzbereiche vorgesehen sind, weisen sie unabhängig von den Anforderungen der Norm Besonderheiten auf; sie sind üblicherweise in den Gebrauchsanleitungen ausführlich beschrieben.

5.3.1 Multifunktionalmessgerät oder mehrere Einzelgeräte?

Diese Frage lässt sich nur auf den speziellen Einzelfall bezogen beantworten. Hierbei sind insbesondere neben den rein technischen Gesichtspunkten auch die persönlichen Aspekte der prüfenden Person zu berücksichtigen.

Multifunktionsmessgeräte

Bei den vielfach angebotenen Multifunktionsmessgeräten ist zu prüfen, welche Messungen mit dem Gerät durchgeführt werden können und ob das angebotene Gerät den universellen Anspruch wirklich erfüllt. Auf der Basis der erforderlichen Messaufgaben und der spezifischen Prioritäten lässt sich das Angebot in aller Regel schnell auf einige wenige Geräte eingrenzen.

Multifunktionsgeräte sollten über folgende Messmöglichkeiten verfügen:

- Spannung und Frequenz,
- Isolationswiderstand,
- Durchgang,
- (Schleifen-)Impedanz,
- RCD-Auslösezeit,
- RCD-Auslösestrom,

- Erdungswiderstand,
- Phasenfolge/Drehfeld.

Berührungsspannungen im Fehlerfall werden nicht geprüft.

Einzelmessgeräte

Einzelmessgeräte sind in aller Regel einfacher zu bedienen als Universalmessgeräte, bei denen die verschiedenen Messaufgaben zusätzliche Umschalter und Bedienungselemente erforderlich machen. Multifunktionsmessgeräte (**Bild 5.1**) wiederum sind wesentlich kompakter als mehrere Einzelmessgeräte (**Bild 5.2**) und in der Summe meist auch preiswerter als gleichwertige Einzelmessgeräte, mit denen die gleichen Messaufgaben wahrgenommen werden können. Weiterhin können Multifunktionsmessgeräte viele Zusatzfunktionen bieten, die Einzelgeräte nicht haben.

Die Entscheidung für mehrere Einzelmessgeräte oder ein Multifunktionsmessgerät wird sehr wesentlich auch durch die Struktur des jeweiligen Errichters vorgegeben. So ist sie beispielsweise auch weitestgehend von der Anzahl der Mitarbeiter abhängig, die auf diese Messgeräte zurückgreifen müssen.

Für manche Prüfungen gibt es am Markt nur Multifunktionsmessgerät, die auch die verschiedenen Fehlerstrom-Schutzeinrichtungen (RCDs) überprüfen können.

Bild 5.1 Beispiel für ein Multifunktionsmessgerät (Profitest Mxtra; Quelle: Gossen Metrawatt)

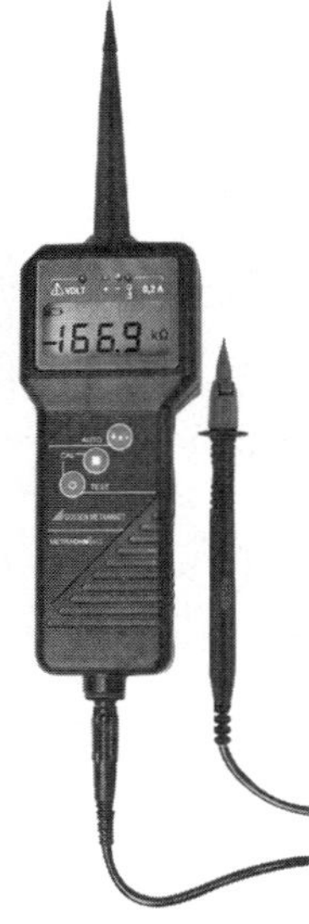

Bild 5.2 Beispiel für ein Einzelmessgerät (Niederohm-Messgerät Metraohm 413; Quelle: Gossen Metrawatt)

5.3.2 Bedienung von Messgeräten

Messgeräte sollten schon nach kurzer Zeit der Einarbeitung ohne Bedienungsanweisung benutzt werden können. Häufig geht die Gebrauchsanleitung im Laufe der Zeit verloren, oder sie liegt „irgendwo" in der Werkstatt, d. h. sie steht bei der Messung in der Anlage vor Ort nicht zur Verfügung. Schon aus diesem pragmatischen Grund sollten die Messgeräte so einfach zu bedienen sein, dass Messungen auch ohne Anleitung durchgeführt werden können.

Zum Messen anregt

Der Aufbau von Messgeräten sollte so konzipiert sein, dass das Gerät den Prüfenden geradezu zum Messen „anregt". Messungen sollen nicht nur möglich sein; sie sollen auch einfach, sicher und ohne langwierige Überlegungen und Recherchen in den Bedienungsanleitungen durchgeführt werden können.

Nicht zu kompliziert

Messgeräte zur Prüfung der Schutzmaßnahmen müssen für den Anwender konzipiert und gebaut sein, d. h. für Praktiker, die nicht über tiefgehende und sehr spezielle Kenntnisse der eigentlichen Messtechnik verfügen. Leider werden am Markt auch Messgeräte angeboten, die durch ihre unnötige Komplexität geradezu eine Abneigung gegen das Messen auslösen.

Nur mit einer Hand

Als vorteilhaft haben sich Geräte erwiesen, die nur mit einer Hand bedient werden und solche, die während des Messvorgangs um den Hals gehängt werden können. Sie erleichtern das Messen, da das Ablegen der Messgeräte während der Prüfung nicht immer problemlos möglich ist. In diesem Zusammenhang sei speziell an Prüfungen in Neubauten erinnert. Weiterhin ist es vorteilhaft, wenn die Geräte im Display eine Bedienführung und eine Bedienungsanleitung, z. B. als Schaltbild, bieten. Das Display ist zur leichteren Ablesbarkeit oftmals schwenkbar, sodass der Blickwinkel verändert werden kann. Darüber hinaus gibt es Prüfspitzen mit integrierter Beleuchtungseinrichtung.

Keine übertriebene Genauigkeit

Durch die mehrstellige Messwertanzeige wird die Genauigkeit jedoch häufig überschätzt. Eine Messwertspeicherung bietet Vorteile, da einige Messwerte nur über eine so kurze Zeit angezeigt werden, dass eine genaue Ablesung kaum möglich ist.

5.3.3 Wie robust ist das Messgerät?

Messgeräte zur Prüfung der Schutzmaßnahmen, Isolationswiderstandmessgeräte usw. werden üblicherweise sehr rauen Umgebungsbedingungen ausgesetzt. Nicht selten werden Messgeräte in Werkzeugkisten aufbewahrt oder liegen schutzlos in Betriebsfahrzeugen. An so beanspruchte Geräte, die zudem üblicherweise auf Baustellen eingesetzt werden, sind höhere Anforderungen hinsichtlich einer robusten Bauweise zu stellen als an Labor- oder Werkstattgeräte. Einen unbeabsichtigten Stoß, gegebenenfalls auch Fall, muss das Gerät – ohne Schaden zu nehmen – überstehen.

5.4 Empfehlungen für die Auswahl von Messgeräten

Nach Ziffer 2.4 der „Grundsätze für die Zusammenarbeit von Netzbetreibern und dem Elektrotechniker-Handwerk bei Arbeiten an elektrischen Anlagen gemäß Niederspannungsanschlussverordnung (NAV)“ muss das bei einem Elektrizitätsversorgungsunternehmen (EVU) bzw. Netzbetreiber eingetragene Installationsunternehmen jederzeit die Voraussetzungen der vom Bundesinstallateurausschuss herausgegebenen „Richtlinie für die Werkstattausrüstung von Betrieben des Elektrotechniker-Handwerks“ erfüllen. Das heißt, Messgeräte sind für jeden Elektroinstallationsbetrieb unumgänglich erforderlich.

Kein Messgerätepark

Werden die zuvor behandelten Kriterien zur Beurteilung geeigneter Messgeräte bei dem Kauf der Geräte berücksichtigt, wird die Auswahl der Geräte nicht zu einem unüberschaubaren „Messgerätepark“ führen. Auch die Höhe der Anschaffungskosten wird sich in vertretbaren Grenzen halten.

Normgerechte Messgeräte

Um die messende Person, aber auch am Messvorgang unbeteiligte Personen während des Messvorgangs nicht zu gefährden, ist es erforderlich, normgerechte Messgeräte für die erforderlichen Messaufgaben und -verfahren zu verwenden. DIN VDE 0100-600 schreibt die Verwendung von Messgeräten nach DIN EN 61557 (**VDE 0413**) oder von Messgeräten mit gleichen Leistungsmerkmalen und gleicher Sicherheit vor. Tabelle 5.1 vermittelt eine Übersicht über Messaufgaben und Normen für Messgeräte, die für Erstprüfungen nach DIN VDE 0100-600 verwendet werden können.

Multifunktionale Messgeräte

Selbstverständlich können mehrere Gerätefunktionen in einem Kombinationsgerät zusammengefasst sein. So kann z. B. die Kombination eines Isolationsmessgeräts nach DIN EN 61557-2 (**VDE 0413-2**) mit einem Widerstandsmessgerät nach DIN EN 61557-4 (**VDE 0413-4**) recht praktisch sein. Die Anforderungen an kombinierte Messgeräte zum Prüfen, Messen und Überwachen von Schutzmaßnahmen sind in DIN EN 61557-10 (**VDE 0413-10**) [36] festgelegt.

Automatische Protokollierung

Zum Dokumentieren der Messwerte kann es von Vorteil sein, Messgeräte mit eingebautem oder aufsteckbarem Drucker zu verwenden. Insbesondere wenn in größeren Installationen viele Messungen durchzuführen sind, kann dies Zeit und damit Prüfkosten sparen helfen.

5.5 Kalibrierung von Messgeräten

Im Rahmen vorgegebener Toleranzen muss sich die prüfende Person auf „seine" Messgeräte verlassen können; die Anzeige „falscher" Werte muss ausgeschlossen sein. Dennoch kann sich bei jedem Messgerät – auch beim besten und teuersten – im Laufe der Zeit die Messgenauigkeit vermindern, zumal die Geräte häufig rauen Umgebungseinflüssen unterliegen. Die Änderung kann beispielsweise dadurch eintreten, wenn z. B. Umschaltkontakte durch Oxidation einen geänderten Wert anzeigen.

Regelmäßige Kalibrierung

Es empfiehlt sich, Messgeräte regelmäßig kalibrieren zu lassen. Bei einer solchen Kalibrierung wird die Gültigkeit der Messergebnisse z. B. von einem Kalibrierlabor anhand von Messnormalen überprüft, die ebenfalls bezüglich einer noch höheren Genauigkeit kalibriert sind, sodass letztlich die Rückführbarkeit auf ein Urnormal sichergestellt ist.

Kalibrierung = Qualitätsmanagement

Eine solche Kalibrierung ist für Firmen, die ein Qualitätsmanagement nach DIN EN ISO 9001 [37] eingeführt haben, vor dem ersten Gebrauch der Geräte und danach wiederkehrend in regelmäßigen Abständen verbindlich durch die Norm vorgeschrieben. Wegen der Bedeutung des Nachweises, dass die sicherheitstechnisch wichtigen Anforderungen der DIN VDE 0100 eingehalten sind, sollte eine solche

Kalibrierung der Messgeräte für Prüfungen nach DIN VDE 0100-600 grundsätzlich durchgeführt werden. Die Kalibrierfristen lassen sich je nach Empfindlichkeit und Handhabung des Geräts, Häufigkeit des Gebrauchs, Umgebungsbedingungen und Erfahrungswerten individuell festlegen.

Referenzmessungen

Darüber hinaus können die Messgeräte in regelmäßigen Abständen überprüft werden. Zu diesem Zweck können in der Elektrowerkstatt „Referenzmessstellen" geschaffen werden. Das Messgerät sollte bei jeder Überprüfung den gleichen Messwert anzeigen. Sind mehrere Messgeräte für die gleiche Messaufgabe vorhanden, sollten die gleichen Messungen mit allen Messgeräten durchgeführt werden. Ein Vergleich der Messergebnisse lässt etwaige Mängel erkennen.

Werden bei der Überprüfung oder Kalibrierung Fehler festgestellt, empfiehlt es sich, das Gerät vom Hersteller justieren oder reparieren zu lassen. Es sollte aber auch überlegt werden, welche Messungen in der Vergangenheit mit diesem Gerät durchgeführt wurden und welche Auswirkungen evtl. falsche Messwerte auf die Sicherheit der elektrischen Anlage haben können. Gegebenenfalls müssen Prüfungen wiederholt werden.

Batterien warten

Insbesondere Messgeräte mit Batterien bedürfen einer Wartung. Die Wartungsintervalle sind in den Gebrauchsanweisungen der einzelnen Geräte angegeben. Wird ein batteriebetriebenes Gerät über eine längere Zeit nicht benutzt, sollten die Batterien dem Messgerät entnommen werden, da sie auslaufen und das Gerät beschädigen könnten. Wiederaufladbare Batterien müssen in der Regel einer regelmäßigen Aufladung unterzogen werden.

6 Prüfungen der Schutzmaßnahmen nach DIN VDE 0100-410

6.1 Allgemeines

Die Wirksamkeit der Schutzmaßnahmen zum Schutz gegen elektrischen Schlag entsprechend DIN VDE 0100-410 [38] müssen sichergestellt werden. Die Einhaltung der für die angewandte Schutzmaßnahme geltenden Anforderungen ist durch Prüfungen nach DIN VDE 0100-600 nachzuweisen, auch wenn dies im Detail nicht immer direkt aus dem Teil 600 der beschriebenen Prüfaufgaben hervorgeht. Denn letztlich gehört zur Prüfung auch die Bewertung, ob alle Anforderungen der Normenreihe DIN VDE 0100 eingehalten sind. Über die Anforderungen der DIN VDE 0100 hinaus können je nach Art der Anlage, z. B. elektrische Ausrüstungen von Maschinen oder elektrische Anlagen für öffentliche Einrichtungen und Arbeitsstätten, weitere Prüfungen notwendig sein.

Werden bei der Prüfung Abweichungen von den Normen festgestellt, sind nach Beseitigung der Fehler die entsprechenden Prüfschritte für die betroffenen Teile zu wiederholen.

6.1.1 Besichtigen

Die Anforderung, elektrische Anlagen durch Besichtigen zu prüfen, gibt es schon seit Langem. In der Neuausgabe von DIN VDE 0100-600 wurde der Begriff „Besichtigen“ dahin erweitert, dass die Untersuchung der elektrischen Anlage mit allen Sinnen zu erfolgen hat, d. h. auch durch andere Wahrnehmungen, wie Riechen, Hören und Fühlen.

Das Besichtigen im Sinne der Prüfung nach DIN VDE 0100-600 ist von grundlegender Bedeutung für die Sicherheit elektrischer Anlagen. Ohne vorheriges Besichtigen sollte kein Erproben und Messen stattfinden.

Beseitigung während der Besichtigung

Fällt das Besichtigen nicht zur Zufriedenheit der prüfenden Person aus, sollte zum Zwecke der Beseitigung erkannter Mängel die Prüfung unter Umständen vorübergehend unterbrochen werden. Das Besichtigen begleitet die Errichtung einer elektrischen Anlage schon vom Beginn her. Es fängt an mit der Auswahl geeigneter Materialien und Betriebsmittel für die geplante bzw. zu errichtende Anlage. Die Überprüfung der richtigen Lieferung und der Übereinstimmung mit den Betriebsmittelnormen kann anhand der Kennzeichnung und der mitgelieferten Begleitpapiere erfolgen. Es ist aber auch zu prüfen, dass die erforderlichen Schaltpläne und Kennzeichnungen vorhanden sind.

Prüfpunkte durch Besichtigen

Für alle Schutzmaßnahmen mit Schutzleiter sollte durch Besichtigen geprüft werden, dass

- Schutzleiter, Erdungsleiter und Potentialausgleichsleiter mindestens den geforderten Querschnitt haben,
- Schutzleiter, Erdungsleiter und Potentialausgleichsleiter richtig verlegt, die Anschluss- und Verbindungsstellen gegen Selbstlockern gesichert und gegebenenfalls gegen Korrosion geschützt sind,
- Prüfung der Wirksamkeit (Abschaltzeiten) zum Schutz gegen elektrischen Schlag durch automatische Abschaltung,
- Prüfung der Wirksamkeit des zusätzlichen Schutzes, wie Fehlerstrom-Schutzeinrichtungen oder zusätzlicher Schutzpotentialausgleich,
- Schutzleiter und Außenleiter nicht verwechselt sind,
- Schutzleiter und Neutralleiter nicht verwechselt sind,
- für Schutzleiter und Neutralleiter die Festlegungen über Kennzeichnung, Anschlussstellen und Trennstellen eingehalten sind,
- die Schutzkontakte der Steckvorrichtungen wirksam sein können (nicht verbogen, nicht verschmutzt, nicht mit Farbe überstrichen),
- in Schutzleitern und PEN-Leitern keine Überstromschutzeinrichtungen vorhanden und PEN-Leiter und Schutzleiter für sich allein nicht schaltbar sind.

Im TT-System

Darüber hinaus sollte im TT-System durch Besichtigen festgestellt werden, ob alle Körper, die gleichzeitig berührbar oder an eine gemeinsame Schutzeinrichtung angeschlossen sind, einen gemeinsamen Erder haben.

Im IT-System sollte durch Besichtigen geprüft werden, ob kein aktiver Leiter der Anlage direkt geerdet ist und ob die Körper einzeln, gruppenweise oder in ihrer Gesamtheit mit einem Schutzleiter verbunden sind.

Bei SELV-Stromkreisen

Bei SELV sollte durch Besichtigen festgestellt werden, dass die eingesetzten Betriebsmittel richtig ausgewählt sind, insbesondere, dass

- die Stromquelle richtig ausgewählt wurde,
- bei ortsveränderlichem Transformator die Bedingungen der Schutzklasse II oder einer vergleichbaren Isolierung erfüllt sind,
- die Stecker nicht in Steckdosen von anderen Spannungssystemen eingeführt werden können,
- aktive Teile von SELV-Stromkreisen nicht mit Erde oder mit aktiven Teilen oder Schutzleitern anderer Stromkreise (PELV-Stromkreise, FELV-Stromkreise oder Stromkreise höherer Spannung) verbunden sind,
- Körper nicht absichtlich mit Erde, mit dem Schutzleiter oder mit Körpern anderer Stromkreise verbunden sind und dass bei Nennspannungen über AC 25 V oder DC 60 V die Bedingungen der Schutzmaßnahme gegen direktes Berühren erfüllt sind.

Bei PELV-Stromkreisen

Bei PELV sollte durch Besichtigen festgestellt werden, dass der erforderliche Schutz gegen direktes Berühren vorhanden ist und dass die eingesetzten Betriebsmittel richtig ausgewählt sind, insbesondere, dass

- die Stromquelle richtig ausgewählt wurde,
- bei ortsveränderlichem Transformator die Bedingungen der Schutzklasse II oder einer vergleichbaren Isolierung erfüllt sind,
- die Stecker nicht in Steckdosen von anderen Spannungssystemen eingeführt werden können,
- aktive Teile von PELV-Stromkreisen nicht mit aktiven Teilen anderer Stromkreise (SELV-Stromkreise, FELV-Stromkreise oder Stromkreise höherer Spannung) verbunden sind.

Bei Schutztrennung

Bei Schutz durch Schutztrennung sollte durch Besichtigen festgestellt werden, dass die eingesetzten Betriebsmittel richtig ausgewählt sind, insbesondere, dass

- die Stromquelle richtig ausgewählt wurde,
- die aktiven Teile des Sekundärstromkreises weder mit einem anderen Stromkreis noch mit Erde verbunden sind,

- die aktiven Teile des Sekundärstromkreises von anderen Stromkreisen elektrisch sicher getrennt sind (dieser Nachweis kann durch eine Herstellerbescheinigung erbracht werden),
- Leitungen den Anforderungen der DIN VDE 0100-410:2018-06, Abschnitt 413.3, entsprechen,
- bei der Versorgung von nur einem Verbrauchsmittel dieses weder mit dem Schutzleiter noch mit Körpern anderer Stromkreise verbunden ist,
- bei Schutztrennung mit mehr als einem Verbrauchsmittel die Körper durch ungeerdete isolierte Potentialausgleichsleiter untereinander verbunden sind, z. B. durch Verwendung von Steckdosen mit Schutzkontakt.

6.1.2 Erproben

Mit dem Erproben wird die Wirksamkeit von Schutz- und Meldeeinrichtungen nachgewiesen. Hierbei ist darauf zu achten, dass keine Gefahren für Personen, Nutztiere und Sachen während der Erprobung entstehen, z. B. durch ungewolltes Anlaufen von Motoren. Unter Erproben fällt nicht nur das Betätigen der Prüftaste von Fehlerstrom-Schutzeinrichtungen (RCDs) oder Isolationsüberwachungsgeräten (IMDs), sondern z. B. auch der Nachweis von Not-Aus-Funktionen sowie von Anzeige- und Meldeeinrichtungen.

Bei der Erprobung von Fehlerstrom-Schutzeinrichtungen mithilfe der Prüftaste wird auch der richtige Anschluss von einphasigen Verbrauchern überprüft, die mit einem vierpoligen RCD geschützt werden. Je nach Hersteller muss nämlich ein bestimmter Pol für den Außenleiter verwendet werden, siehe **Bild 6.1** (Strompfad L3).

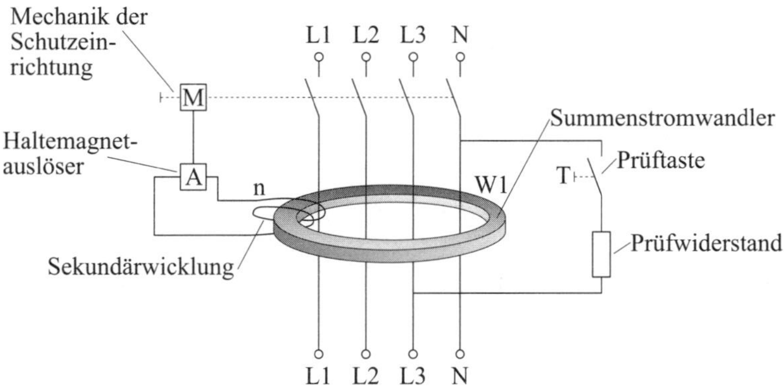

Bild 6.1 Beispiel des Anschlusses eines einphasigen Endstromkreises mit einer vierpoligen Fehlerstrom-Schutzeinrichtung (RCD)

Beim Betätigen der Prüftaste von Fehlerstrom-Schutzeinrichtungen (RCDs) wird lediglich die Funktion der Schutzeinrichtung selbst getestet. Die Funktion der Schutzmaßnahme insgesamt und deren Wirksamkeit kann hierdurch nicht nachgewiesen werden. Hierzu sind Messungen erforderlich.

6.1.3 Messen

Messen ist das Feststellen von Werten, um die Wirksamkeit von Schutzmaßnahmen sicher beurteilen bzw. nachweisen zu können. Hierzu ist in DIN VDE 0100-600 gefordert, Messgeräte zu verwenden, die den Anforderungen der Normen der Reihe DIN EN 61557 (**VDE 0413**) entsprechen oder die gleichen Leistungsmerkmale und Sicherheit aufweisen. Bei der Beurteilung des Messergebnisses sind die im Kapitel 5.2 dieses Buchs beschriebenen Fehler zu berücksichtigen.

Abschätzung von Einflüssen

In vielen Fällen der Praxis wird der Messwert, bezogen auf die Grenzwerte der Anforderung, weit auf der sicheren Seite liegen, sodass der Einfluss der Messfehler nicht gesondert berücksichtigt werden muss. Weicht aber der gemessene Wert von der Anforderungsgrenze nach oben oder unten nur sehr wenig ab, müssen die möglichen Fehler und Einflüsse abgeschätzt werden, um die Wirksamkeit der Schutzmaßnahme sicher beurteilen zu können. Folgende Beispiele für den „Schutz durch automatische Abschaltung im Fehlerfall“ sollen den Sachverhalt verdeutlichen:

Beispiel 1

Erforderlicher Abschaltstrom 120 A; angezeigter Abschaltstrom (Kurzschlussstrom) 500 A. Da der gemessene Wert mehr als doppelt so hoch ist wie der erforderliche Abschaltstrom, ist die Normanforderung mit Sicherheit erfüllt.

Beispiel 2

Erforderlicher Abschaltstrom 120 A, angezeigter Abschaltstrom (Kurzschlussstrom) 180 A. Da dieser Wert geringer ist als der doppelte Abschaltstrom, muss der Prüfende die Fehlereinflüsse von Messgerät und Messmethode sehr sorgfältig abschätzen und berücksichtigen, um festzustellen, ob der erforderliche Abschaltstrom im Fehlerfall tatsächlich fließen wird.

Anschlussfehler

Neben der Betriebsmessabweichung des Messgeräts und den Einflüssen der Messmethode sind unter Umständen auch etwaige Fehlermöglichkeiten durch den Anschluss der Messgeräte zu berücksichtigen. So können beispielsweise die Leitungslänge der Messleitungen und auch Übergangswiderstände an den Anschlussstellen das Messergebnis beeinflussen.

Vorher Schutzleiterprüfung

Von den erforderlichen Messungen sollte vorzugsweise als Erstes die Überprüfung der Durchgängigkeit der Schutzleiter und der Verbindungen des Hauptpotentialausgleichs und des zusätzlichen Potentialausgleichs überprüft werden, um im Falle einer fehlerbehafteten Installation Gefahren zu minimieren.

6.2 Messen und Erproben der Schutzmaßnahmen ohne automatische Abschaltung

In **Tabelle 6.1** sind Schutzmaßnahmen ohne automatische Abschaltung der Stromversorgung aufgeführt. Diesen Schutzmaßnahmen sind die nach DIN VDE 0100-600 erforderlichen Prüfungen (Messaufgaben/Messverfahren und Erprobungen) unmittelbar tabellarisch zugeordnet.

Schutzmaßnahme	Messaufgabe	Messverfahren	Erprobung
SELV (ungeerdete Schutzkleinspannung)	1. Kontrolle des Transformators auf doppelte oder verstärkte Isolierung 2. Kontrolle der Sekundärspannung (≤ AC 50 V)	Isolationswiderstandsmessung	Isolationsmessung mit DC 250 V zwischen 1. Primär- und Sekundärkreis 2. Sekundärkreis und Schutzleitersystem Isolationswiderstand > 0,5 MΩ
PELV (geerdete Schutzkleinspannung)	1. Kontrolle des Transformators auf doppelte oder verstärkte Isolierung 2. Kontrolle der Sekundärspannung (≤ AC 50 V) 3. Kontrolle der Erdverbindung auf der Sekundärseite	Isolationswiderstandsmessung	Isolationsmessung mit DC 250 V zwischen: Primär- und Sekundärkreis Isolationswiderstand > 0,5 MΩ

Tabelle 6.1 Messaufgaben, Messverfahren und Erprobung von Stromkreisen ohne automatische Abschaltung

Schutzmaßnahme	Messaufgabe	Messverfahren	Erprobung
Schutzklasse II Schutzisolierung	Kontrolle der Körper der elektrischen Betriebsmittel, die Teil der elektrischen Anlage sind auf Schutzklasse-II-Symbol auf Typenschild	Sichtprüfung	keine
Schutz durch nichtleitende Räume	Isolationswiderstands von Böden und Wänden	Isolationswiderstandsmessung mit einer Prüfsonde entsprechend Anhang B der DIN VDE 0100-600: 2017-06	mindestens drei Messungen eine davon mit einem Mindestabstand von 1 m von fremden leitfähigen Teilen Isolationsmessung mit Bemessungsspannung und Bemessungsfrequenz der Sekundärspannung zwischen: 1. Wand und Schutzleitersystem 2. Boden und Schutzleitersystem
Schutztrennung (mit einem Verbrauchsmittel)	Isolationswiderstand	1. Kontrolle des Trenntransformator 2. Kontrolle, dass sekundär keine Erdverbindung vorliegt	Isolationsmessung mit DC 500 V zwischen: Primär- und Sekundärkreis Isolationswiderstand > 1 MΩ
Schutztrennung (mit mehreren Verbrauchsmitteln)	Isolationswiderstand Zugangsbeschränkung nur für Elektrofachkräfte	1. Kontrolle des Trenntransformator 2. Kontrolle, dass sekundär keine Erdverbindung vorliegt 3. Zugangsbeschränkungen 4. Isolierte Schutzleiterverbindung zwischen den Körpern der elektrischen Betriebsmittel vorhanden	Isolationsmessung mit DC 500 V zwischen: 1. Primär- und Sekundärkreis 2. Schutzpotentialausgleichsleiter und Schutzleitersystem Isolationswiderstand > 1 MΩ

Tabelle 6.1 (*Fortsetzung*) Messaufgaben, Messverfahren und Erprobung von Stromkreisen ohne automatische Abschaltung

6.3 Messen der Schutzmaßnahme Schutz durch automatische Abschaltung

Die **Tabelle 6.2** vermittelt einen Überblick über die beim Schutz durch automatische Abschaltung der Stromversorgung (TN-, TT- und IT-System) gemeinsam erforderlichen Messaufgaben und Messverfahren.

Messaufgabe	**Messverfahren**
1. Isolationswiderstand des Schutzleiters zu Neutral- und Außenleiter	Isolationswiderstandsmessung
2. Verwechslung Schutz- und Außenleiter	Phasenprüfung oder Spannungsmessung gegen Erde
3. Verwechslung Schutz- und Neutralleiter	niederohmige Widerstandsmessung
4. Schutzpotentialausgleich und zusätzlicher Schutzpotentialausgleich	niederohmige Widerstandsmessung
5. Bei mehr als einer Fehlerstrom-Schutzeinrichtung (RCD) für die gesamte Anlage: – Richtige Zuordnung der Neutralleiter zu den jeweils von der Fehlerstrom-Schutzeinrichtung (RCD) erfassten Stromkreisen – Schluss zwischen Neutralleitern unterschiedlicher Fehlerstrom-Schutzeinrichtungen (RCDs)	niederohmige Widerstandsmessung Isolationswiderstandsmessung

Tabelle 6.2 Messaufgaben und Messverfahren in Anlagen mit Schutz durch automatische Abschaltung der Stromversorgung im TN-, TT- und IT-System

6.4 Messen in Anlagen mit Schutzmaßnahmen im TN-System

Je nach verwendeter Abschalteinrichtung für den Schutz durch automatische Abschaltung ist im TN-System gemäß **Tabelle 6.3** zu verfahren.

Schutzeinrichtungen	Messaufgaben	Messverfahren
Überstrom-schutzeinrichtung	1. Verbindung aller Körper mit der zentralen Schutzleiterschiene; 2. Schleifenimpedanz $Z_s \leq \frac{U_n}{I_a}$ zwischen Außenleiter und Schutz- bzw. PEN-Leiter	niederohmige Prüfung des Schutzleiters (niederohmige Widerstandsmessung) Messen der Schleifenimpedanz (Kurzschlussstrommessung) oder Rechnung bzw. Nachweis am Netzmodell
Fehlerstrom-Schutzeinrichtung (RCD)	1. Verbindung aller Körper mit der zentralen Schutzleiterschiene; 2. $I_\Delta \leq I_{\Delta n}$	niederohmige Prüfung des Schutzleiters (niederohmige Widerstandsmessung) Messen des Auslösestroms durch Erzeugen eines Fehlerstroms sowie Feststellung, dass die Fehlerstrom-Schutzeinrichtung spätestens beim Bemessungsdifferenzstrom auslöst

Tabelle 6.3 Messaufgaben und Messverfahren in Anlagen mit Schutzmaßnahmen im TN-System

Die erforderlichen Abschaltströme I_a sowie die maximal zulässigen Schleifenimpedanzen Z_s bei Einsatz von Überstromschutzeinrichtungen sind **Tabelle 6.4** zu entnehmen.

U_0[2)] = AC 230 V, 50 Hz	**Niederspannungssicherungen der Betriebsklasse gG**				**Leitungsschutzschalter und Leistungsschalter**[1)] **für die überschlägige Prüfung $t_a \leq 0{,}4$ s; $t_a \leq 5$ s (wird erreicht durch Schnellabschaltung $t \leq 0{,}1$ s)**					
I_n A	I_a (5 s) A	Z_s (5 s) Ω	I_a (0,4 s) A	Z_s (0,4 s) Ω	$I_a = 5 \cdot I_n$ (Typ B) A	Z_s Ω	$I_a = 10 \cdot I_n$ (Typ C) A	Z_s Ω	$I_a = 12 \cdot I_n$ A	Z_s Ω
2	9,2	25,00	16	14,38			20	11,50	24	9,58
4	19	12,11	32	7,19			40	5,75	48	4,79
6	27	8,52	47	4,89	30	7,67	60	3,83	72	3,19
10	47	4,89	82	2,80	50	4,60	100	2,30	120	1,92
16	65	3,54	107	2,15	80	2,88	160	1,44	192	1,20
20	85	2,71	145	1,59	100	2,30	200	1,15	240	0,96
25	110	2,09	180	1,28	125	1,84	250	0,92	300	0,77
32	150	1,53	265	0,87	160	1,44	320	0,72	384	0,60
35	173	1,33	295	0,78	175	1,31	350	0,66	420	0,55
40	190	1,21	310	0,74	200	1,15	400	0,58	480	0,48
50	260	0,88	460	0,50	250	0,92	500	0,46	600	0,38
63	320	0,72	550	0,42	315	0,73	630	0,36	756	0,30
80	440	0,52							960	0,24
100	580	0,40							1 200	0,19
125	750	0,31							1440	0,16
160	930	0,25							1920	0,12

1) Für Leistungsschalter nach DIN EN 60947-2 (**VDE 0660-101**) sind die Werte für I_a als Vielfaches von I_n den jeweiligen Normen oder Herstellerkennlinien zu entnehmen und die Schleifenimpedanz Z_s zu ermitteln, wobei für die Ermittlung der Schleifenimpedanz die in der Norm enthaltene Fehlergrenze von +20 % zu berücksichtigen ist.

Beispiel:
Ermittlung der Schleifenimpedanz bei Leistungsschaltern:

a) erforderlicher Kurzschlussstrom für die unverzögerte Auslösung: 100 A,
b) Erhöhung um die Grenzabweichung +20 % (von 100 A), also auf: 120 A,
c) $Z_s = \frac{U_0}{I_a} = \frac{230\ \text{V}}{120\ \text{A}} = 1{,}916\ \Omega.$

Für die überschlägige Prüfung dürfen mit hinreichender Genauigkeit verwendet werden:

a) $I_a = 5 \cdot I_n$ für LS-Schalter nach Normen der Reihe DIN EN 60898 (**VDE 0641**) mit Charakteristik B,
b) $I_a = 10 \cdot I_n$ für LS-Schalter nach Normen der Reihe DIN EN 60898 (**VDE 0641**) mit Charakteristik C und Leistungsschalter nach DIN EN 60947-2 (**VDE 0660-101**) bei entsprechender Einstellung,
c) $I_a = 12 \cdot I_n$ für Leistungsschalter nach DIN EN 60947-2 (**VDE 0660-101**) bei entsprechender Einstellung und LS-Schalter mit Charakteristik K bis 63 A.

2) U_0 Nennspannung gegen geerdeten Leiter.

Tabelle 6.4 Prüfwerte zur Beurteilung von Überstromschutzeinrichtungen, Schleifenimpedanzen und Leiterquerschnitten in TN-Systemen
Abschaltströme I_a bei Abschaltzeiten 5 s und 0,4 s sowie maximal zulässige Schleifenimpedanzen Z_s für die Bemessungsströme I_n von

- Niederspannungssicherungen nach DIN EN 60269-1 (**VDE 0636-10**) der Betriebsklasse gG,
- Leitungsschutzschaltern nach DIN EN 60898-1 (**VDE 0641-11**) und DIN EN 60898-2 (**VDE 0641-12**),
- Leistungsschaltern nach DIN EN 60947-2 (**VDE 0660-101**) und DIN EN 60947-6-2 (**VDE 0660-115**).

(Quelle: DIN VDE 0100-600:2017-06, Tabelle NB.1)

6.5 Messen in Anlagen mit Schutzmaßnahmen im TT-System

Je nach verwendeter Abschalteinrichtung ist im TT-System nach **Tabelle 6.5** zu verfahren.

Schutzeinrichtungen	Messaufgaben	Messverfahren
Fehlerstrom-Schutzeinrichtung (RCD)	1. $I_\Delta \leq I_{\Delta n}$	Feststellung, dass die Fehlerstrom-Schutzeinrichtung (RCD) spätestens beim Bemessungsdifferenzstrom auslöst
	2. Verbindung aller Körper der Schutzklasse I mit der zentralen Schutzleiterschiene	niederohmige Prüfung des Schutzleiters (niederohmige Widerstandsmessung)
Überstromschutzeinrichtung	Ermitteln des Erdungswiderstands R_A einschließlich des Schutzleiterwiderstands (Werte der Tabelle 6.6 sind einzuhalten) rechnerischer Nachweis der Abschaltzeit im Kurzschlussfall	Widerstandsmessung der Fehlerschleifenimpedanz

Tabelle 6.5 Messaufgaben und Messverfahren in Anlagen mit Schutzmaßnahmen im TT-System

Der Einsatz von Überstromschutzeinrichtungen im TT-System setzt sehr niedrige Erdungswiderstände voraus, sodass diese Schutzmaßnahme im TT-System nur in seltenen Fällen angewendet werden kann. Der Nachweis durch eine Messung ist hier also besonders wichtig. Die erforderlichen Abschaltströme I_a wie auch die maximal zulässigen Erdungswiderstände R_A bei Einsatz von Überstromschutzeinrichtungen sind der **Tabelle 6.6** zu entnehmen.

U_0[2)] = AC 230 V, 50 Hz	Niederspannungssicherungen der Betriebsklasse gG				Leitungsschutzschalter und Leistungsschalter[1)] für die überschlägige Prüfung $t_a \leq 1$ s; $t_a \leq 0{,}2$ s (wird erreicht durch Schnellabschaltung $t \leq 0{,}1$ s)					
I_n A	I_a (1 s) A	Z_s (1 s) Ω	I_a (0,2 s) A	Z_s (0,2 s) Ω	$I_a = 5 \cdot I_n$ (Typ B) A	Z_s Ω	$I_a = 10 \cdot I_n$ (Typ C) A	Z_s Ω	$I_a = 12 \cdot I_n$ A	Z_s Ω
2	13	17,69	19	12,11			20	11,50	24	9,58
4	26	8,85	38	6,05			40	5,75	48	4,79
6	38	6,05	56	4,11	30	7,67	60	3,83	72	3,19
10	65	3,54	97	2,37	50	4,60	100	2,30	120	1,92
16	90	2,56	130	1,77	80	2,88	160	1,44	192	1,20
20	120	1,92	170	1,35	100	2,30	200	1,15	240	0,96
25	145	1,59	220	1,05	125	1,84	250	0,92	300	0,77
32	220	1,05	310	0,74	160	1,44	320	0,72	384	0,60
35	230	1,00	330	0,70	175	1,31	350	0,66	420	0,55
40	260	0,88	380	0,61	200	1,15	400	0,58	480	0,48
50	380	0,61	540	0,43	250	0,92	500	0,46	600	0,38
63	440	0,52	650	0,35	315	0,73	630	0,36	756	0,30

1) Für Leistungsschalter nach DIN EN 60947-2 (**VDE 0660-101**) sind die Werte für I_a als Vielfaches von I_n den jeweiligen Normen oder Herstellerkennlinien zu entnehmen und die Schleifenimpedanz Z_s zu ermitteln, wobei für die Ermittlung der Schleifenimpedanz die in der Norm enthaltene Fehlergrenze von +20 % zu berücksichtigen ist.

Beispiel:
Ermittlung der Schleifenimpedanz bei Leistungsschaltern:

a) erforderlicher Kurzschlussstrom für die unverzögerte Auslösung: 100 A,
b) Erhöhung um die Grenzabweichung +20 % (von 100 A), also auf: 120 A,
c) $Z_s = \frac{U_0}{I_a} = \frac{230\text{ V}}{120\text{ A}} = 1{,}916\,\Omega.$

Für die überschlägige Prüfung dürfen mit hinreichender Genauigkeit verwendet werden:

a) $I_a = 5 \cdot I_n$ für LS-Schalter nach Normen der Reihe DIN EN 60898 (**VDE 0641**) mit Charakteristik B,
b) $I_a = 10 \cdot I_n$ für LS-Schalter nach Normen der Reihe DIN EN 60898 (**VDE 0641**) mit Charakteristik C und Leistungsschalter nach DIN EN 60947-2 (**VDE 0660-101**) bei entsprechender Einstellung,
c) $I_a = 12 \cdot I_n$ für Leistungsschalter nach DIN EN 60947-2 (**VDE 0660-101**) bei entsprechender Einstellung und LS-Schalter mit Charakteristik K bis 63 A.

2) U_0 Nennspannung gegen geerdeten Leiter.

Tabelle 6.6 Prüfwerte zur Beurteilung von Überstromschutzeinrichtungen, Schleifenimpedanzen und Leiterquerschnitten in TT-Systemen
Abschaltströme I_a bei Abschaltzeiten 1 s (in Verteilerstromkreisen) und 0,2 s (in Endstromkreisen) sowie maximal zulässige Schleifenimpedanzen Z_s für die Bemessungsströme I_n von

- Niederspannungssicherungen nach DIN EN 60269-1 (**VDE 0636-10**) der Betriebsklasse gG,
- Leitungsschutzschaltern nach DIN EN 60898-1 (**VDE 0641-11**) und DIN EN 60898-2 (**VDE 0641-12**),
- Leistungsschaltern nach DIN EN 60947-2 (**VDE 0660-101**) und DIN EN 60947-6-2 (**VDE 0660-115**).

(Quelle: DIN VDE 0100-600:2017-06, Tabelle NB.2)

6.6 Messen in Anlagen mit Schutzmaßnahmen im IT-System

Im IT-System sind Messungen gemäß **Tabelle 6.7** erforderlich. Bei Einsatz von Isolationsüberwachungsgeräten (IMDs) sowie von Fehlerstrom-Schutzeinrichtungen (RCDs) ist zur Erprobung die Prüftaste der jeweiligen Schutzeinrichtungen zu betätigen, um deren Wirksamkeit für die später erforderlichen regelmäßigen Prüfauslösungen sicherzustellen. Beim Erproben des Isolationsüberwachungsgeräts (IMD) sollte der zwischen Außen- und Schutzleiter zugeschaltete Widerstand mindestens 2 kΩ, aber kleiner als der an dem Gerät eingestellte Wert sein. Üblicherweise wird als Ansprechwert 100 Ω/V eingestellt.

Konzept der Schutzmaßnahme	Messaufgaben	Messverfahren
allgemein	1. Abschätzung des Ableitstroms I_d aufgrund der Planungsunterlagen (Nennspannung, Kabeltypen, Längen usw.); 2. Gesamterdungswiderstand $R_A = U_T/I_d$ aller mit einem Erder verbundenen Körper	Messung des Erdungswiderstands oder zusammen für 1. und 2. Messung des Spannungsfalls am Erderwiderstand R_A nach Erdung eines Außenleiters
Isolationsüberwachungsgerät (IMD)		Erproben durch Auslösung der Prüftaste
zusätzlicher Schutzpotentialausgleich		Widerstandsmessung
Verbindung aller Körper untereinander durch PE; bei Doppelkörperschluss TN-System	gemäß den Bedingungen des TN-Systems, siehe Tabelle 6.3	
einzeln oder gruppenweise Erdung von Körpern; bei Doppelkörperschluss: TT-System	gemäß den Bedingungen des TT-Systems, siehe Tabelle 6.5	

Tabelle 6.7 Messaufgaben und Messverfahren in Anlagen mit Schutzmaßnahmen im IT-System

Berührungsspannung beim ersten Fehler

Der Fehlerstrom beim Auftreten des ersten Fehlers ist zu berechnen. Wenn die hierfür benötigten Parameter nicht bekannt sind, muss eine Messung durchgeführt werden. Eine Messung der Wirksamkeit der Schutzmaßnahme beim ersten Fehler ist nur möglich, wenn ein künstlicher Erdschluss hergestellt wird. Hierdurch können bei IT-Systemen mit Neutralleiter **höhere Beanspruchungen der Isolierungen** der Betriebsmittel entstehen. Außerdem ist zu beachten, dass Vorkehrungen gegen Gefährdungen für den Fall eines Doppelfehlers zu treffen sind. Bei der Betrachtung der wirksamen Berührungsspannung ist zu berücksichtigen, dass bei Anlagen mit Umrichtern Ableitströme die wirksame Berührungsspannung beim 1. Fehler beeinflussen.

Berechnung alternativ

Als Alternative zu einer Schleifenimpedanzmessung, für die ein künstlicher Erdschluss hergestellt werden muss, indem ein Außenleiter geerdet wird, ist auch eine Berechnung zulässig. Unter der Voraussetzung, dass Außen- und Schutzleiter den gleichen spezifischen Widerstand haben, muss hiernach der Schutzleiter die folgende Bedingung erfüllen:

$$R < 0{,}8 \cdot \frac{S_{\mathrm{A}}}{S_{\mathrm{A}} + S_{\mathrm{PE}}} \cdot \frac{U}{I_{\mathrm{a}}}$$

Darin bedeuten:

I_{a} Strom, der das automatische Abschalten bewirkt,

S_{A} Außenleiterquerschnitt,

S_{PE} Schutzleiterquerschnitt,

U im Netz ohne Neutralleiter U_{n}, im Netz mit Neutralleiter U_0,

U_0 Nennspannung zwischen Außenleiter und Neutralleiter,

U_{n} Nennspannung zwischen Außenleitern.

Der Faktor 0,8 berücksichtigt die bei der Widerstandsmessung nicht erfassten Impedanzen.

7 Prüfung der Wirksamkeit des Schutzpotentialausgleichs

7.1 Allgemeines

Die Prüfung der Wirksamkeit des Schutzpotentialausgleichs ist in jedem Fall Aufgabe des Errichters der elektrischen Anlage, also des Elektroinstallateurs. Zu prüfen sind die Festlegungen nach DIN VDE 0100-410 und DIN VDE 0100-540. Die Prüfanforderungen selbst sind in DIN VDE 0100-600, definiert.

Unterschiedlicher Schutzpotentialausgleich

Zu unterscheiden sind die Prüfung des Schutzpotentialausgleichs über die Haupterdungsschiene (MET) und die Prüfung des zusätzlichen Schutzpotentialausgleichs z. B. zwischen gleichzeitig berührbaren Teilen, da die Prüfanforderungen unterschiedlich sind.

7.2 Prüfung des Schutzpotentialausgleichs über die Haupterdungsschiene (MET)

7.2.1 Besichtigen

Das Besichtigen muss nach DIN VDE 0100-600 durchgeführt werden, um nachzuweisen, dass die fest angeschlossenen Betriebsmittel

- entsprechend den Normen der Reihe DIN VDE 0100 korrekt ausgewählt und errichtet wurden,
- ohne sichtbare Beschädigungen, die die Sicherheit beeinträchtigen.

Konkrete Vorgaben für das Besichtigen des ausgeführten Schutzpotentialausgleichs sind in DIN VDE 0100-600 nicht enthalten. Folgende Vorgaben für das Besichtigen des Schutzpotentialausgleichs sind von Bedeutung:

- Querschnitte,
- Kennzeichnung der Klemmen,
- ordnungsgemäße Leiterverbindungen.

Fühlen und Ziehen

Besichtigen als Untersuchung der elektrischen Anlage mit allen Sinnen entsprechend der Norm bedeutet aber auch, die Festigkeit der Verbindung z. B. durch Fühlen oder Ziehen zu überprüfen.

Fremde leitfähige Teile

Im Rahmen des Besichtigens stellt sich die Frage, welche fremden leitfähigen Teile in den Schutzpotentialausgleich einzubeziehen sind. Grundsätzlich gelten alle in einem Gebäude eingeführten leitenden Teile, die ein anderes Potential (von einem anderen entkoppelten Erder) führen (als die Betriebsmittel die mit dem Anlagenerder verbunden sind) als fremde leitfähige Teile, z. B. Schirme von Kabelfernsehanlagen.

Leitfähige Teile, die im Gebäude errichtet sind, sind über die Hauterdungsschiene (MET) in den Schutzpotentialausgleich einzubinden, wobei folgende Metallteile entsprechend DIN VDE 0100-540 weder als Schutzleiter noch als Schutzpotentialausgleichsleiter verwendet werden dürfen:

- Wasserleitungen aus Metall,
- Metallrohre, die brennbare Stoffe wie Gas enthalten,
- Konstruktionsteile,
- flexible oder biegsame Elektroinstallationsrohre aus Metall,
- flexible Metallteile,
- Tragseile,
- Kabelwannen und Kabelpritschen,
- Lüftungskanäle.

Anschluss an Haupterdungsschiene (MET)

Durch Besichtigen ist festzustellen, ob folgende Teile mit der Haupterdungsschiene (MET) verbunden sind:

- gebäudeinterne metallene Rohrleitungen von Versorgungssystemen im Gebäude, z. B. Gas (nach dem Isolierstück), Wasser,
- fremde leitfähige Teile,
- metallene Zentralheizungs- und Klimasysteme,
- metallene Verstärkungen von Gebäudekonstruktionen aus bewehrtem Beton, wo die Verstärkungen berührbar und zuverlässig untereinander verbunden sind.

Durch Besichtigen ist weiter festzustellen, ob

- Vorrichtungen zum Abtrennen der Erdungsleiter zugänglich sind,
- Haupterdungsschiene, Erdungsleiter, Schutzpotentialausgleichsleiter zur Haupterdungsschiene und Erdungsleiter vor mechanischer, thermischer oder chemischer Beschädigung geschützt sind,
- die Querschnitte der Schutzleiter DIN VDE 0100-540:2012-06, Tabelle 54.2 [32] entsprechen.

Leitende Teile, die von außerhalb in das Gebäude eingeführt werden, müssen so nahe wie möglich an ihrem Eintrittspunkt in das Gebäude mit der Haupterdungsschiene verbunden werden.

7.2.2 Messen der Durchgängigkeit der Verbindungen des Schutzpotentialausgleichs

Es ist messtechnisch zu prüfen, dass zwischen der Haupterdungsschiene (MET) und den in den Schutzpotentialausgleich einbezogenen fremden leitfähigen Teilen, z. B. metallenen Rohrsystemen, eine leitende Verbindung besteht.

Besichtigen allein reicht nicht aus

Das Besichtigen als alleiniges Mittel des Prüfens der Wirksamkeit des Schutzpotentialausgleichs reicht nicht aus, auch wenn die verlegten Schutzpotentialausgleichsleiter leicht zu verfolgen sind und der Leiterquerschnitt prüfbar ist. Beim Schutzpotentialausgleich im Hausanschlussraum entsprechend DIN 18012 [39] (**Bild 7.1**) ist beispielsweise eine solche Situation gegeben.

Querschnittsprüfung

Die Verbindungen von Schutzpotentialausgleichsleitern sind mithilfe einer Durchgangsprüfung zu prüfen. Ein höchstzulässiger Widerstandswert ist nicht vorgegeben. Eine Überprüfung des Mindestquerschnitts ist jedoch sehr wertvoll. Folgende Mindestquerschnitte sind in DIN VDE 0100-540 festgelegt:

- 6 mm^2 bei Kupfer,
- 16 mm^2 bei Aluminium,
- 50 mm^2 bei Stahl.

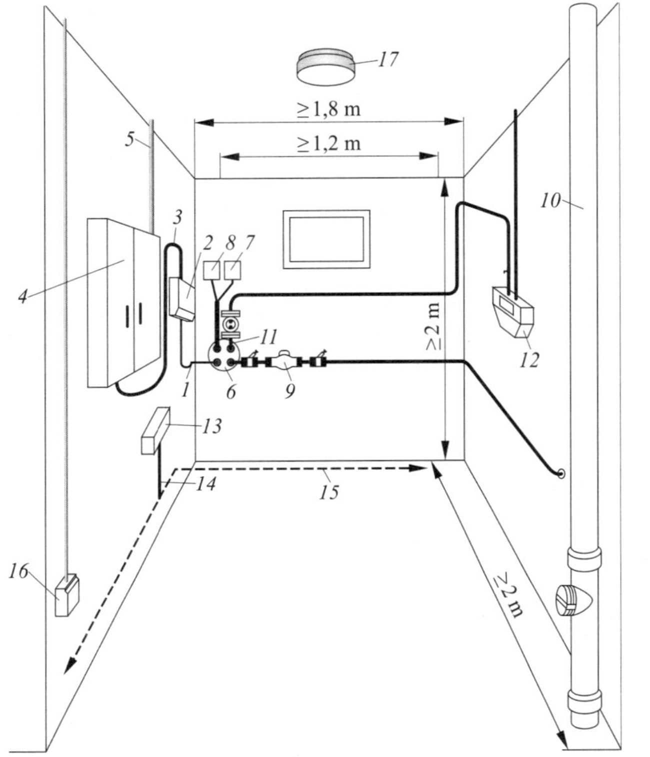

1 Niederspannungs-Anschlusskabel,
2 Niederspannungs-Hausanschlusskasten mit Hausanschlusssicherungen,
3 Niederspannungs-Hauptleitung,
4 Zählerschrank,
5 Verbindungsleitung zum Stromkreisverteiler,
6 Mehrspartenhauseinführung,
7 APL – Abschlusspunkt des allgemeinen Kommunikations-Kupferzugangsnetzes,
8 AP RuK – Abschlusspunkt für das koaxiale Breitbandverteilnetz,
9 Anschlussleitung für Trinkwasser mit Wasserzähler,
10 Entwässerung,
11 Anschlussleitung für Gasversorgung mit Hausdruckregelgerät und Hauptabsperreinrichtung zum Gasrohr,
12 Gaszähler,
13 Haupterdungsschiene (Potentialausgleichsschiene),
14 Anschlussteil,
15 Fundamenterder,
16 Schutzkontaktsteckdose,
17 Leuchte

Bild 7.1 Schutzpotentialausgleich über die Haupterdungsschiene (MET) (Quelle: DIN 18012:2018-04, Bild A.1)

Anschlussstellen mit einbeziehen

Wenn eine Messung durchgeführt wird, sind die Messpunkte auf den in den Schutzpotentialausgleich einzubeziehenden fremden leitfähigen Teilen, metallenen Rohrsystemen usw. so zu wählen, dass die Übergangswiderstände der Verbindungsstellen, z. B. Rohrschellen oder ähnliche Verbindungselemente, mitgemessen werden.

7.3 Prüfung des zusätzlichen Schutzpotentialausgleichs

7.3.1 Anforderungen an den zusätzlichen Schutzpotentialausgleich

Prinzipiell gibt es zwei Arten des zusätzlichen Schutzpotentialausgleichs:

- Ein zusätzlicher Schutzpotentialausgleich ist nach DIN VDE 0100-410 als Ersatz für den Fehlerschutz (Schutz bei indirektem Berühren) durch Abschaltung gefordert, wenn die Abschaltzeiten nicht erreicht werden können (z. B. bei Überstromschutzeinrichtungen mit großen Bemessungsströmen).
- Ein zusätzlicher Schutzpotentialausgleich wird in einigen Normen der Gruppe 700 der DIN VDE 0100 als Ergänzung für den Fehlerschutz gefordert.

Folgende Verbindungen eines zusätzlichen Schutzpotentialausgleichs werden in DIN VDE 0100-540 betrachtet:

- zwischen zwei Körpern elektrischer Betriebsmittel (Leiterquerschnitt mindestens der des kleinsten Schutzleiters), siehe **Bild 7.2**,
- zwischen den Körpern elektrischer Betriebsmittel und fremden leitfähigen Teilen (mindestens der halbe Querschnitt des Schutzleiters), siehe **Bild 7.3**,
- zwischen zwei fremden leitfähigen Teilen (mindestens 4 mm^2 Cu bei ungeschützter Verlegung), siehe **Bild 7.4**.

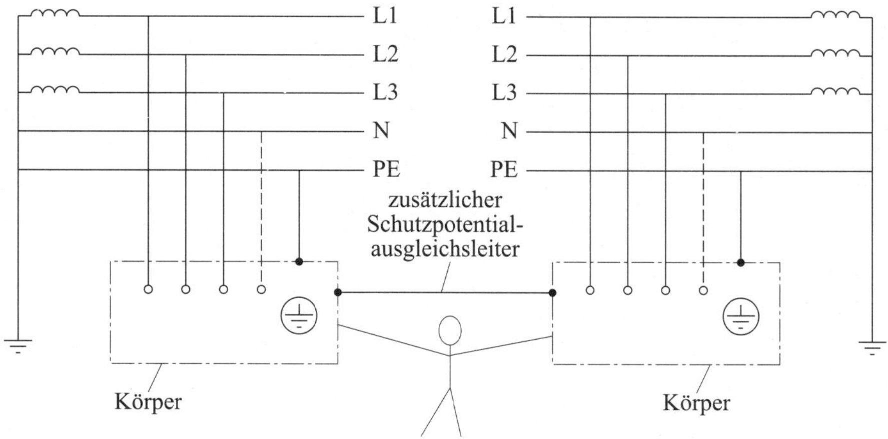

Bild 7.2 Schutzpotentialausgleichsleiter zwischen zwei elektrischen Betriebsmitteln

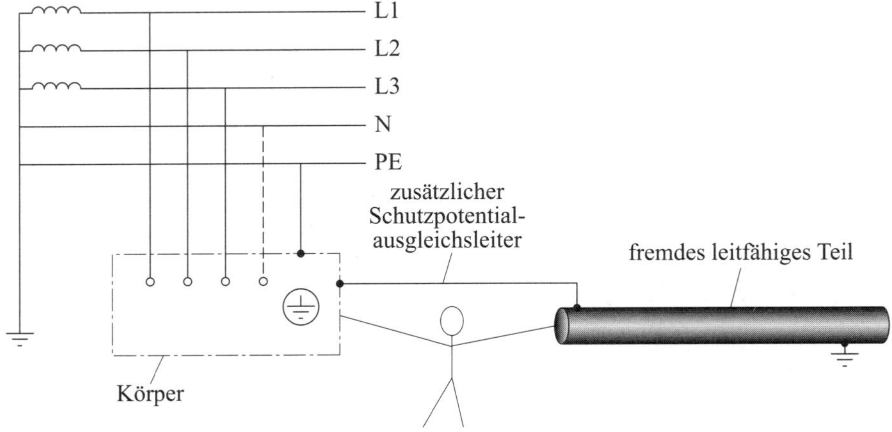

Bild 7.3 Schutzpotentialausgleichsleiter zwischen einem elektrischen Betriebsmittel und einem fremden leitfähigen Teil

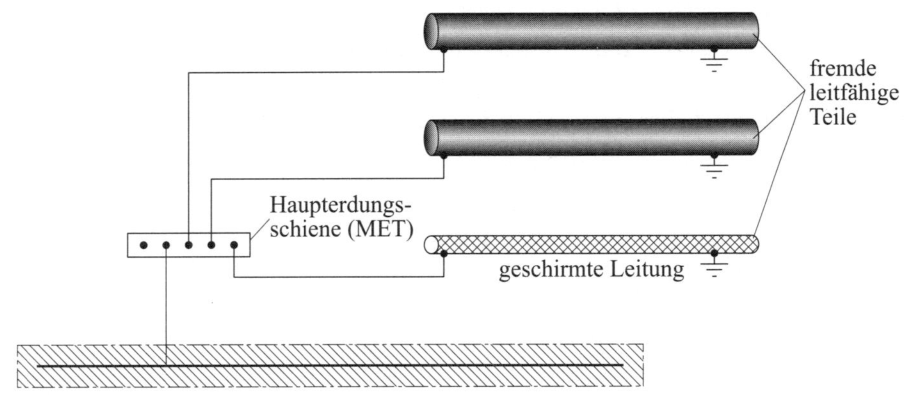

Bild 7.4 Schutzpotentialausgleichsleiter zwischen fremden leitfähigen Teilen

7.3.2 Prüfung des zusätzlichen Schutzpotentialausgleichs als Ersatz für den Fehlerschutz durch automatische Abschaltung

7.3.2.1 Anwendungsbereich

Ein zusätzlicher Schutzpotentialausgleich muss nach DIN VDE 0100-410:2018-06, Abschnitt 411.3.2.6 durchgeführt werden, wenn die Abschaltzeiten im Fehlerfall für das automatische Abschalten nicht erreicht werden können. Ein Merkmal für das Vorhandensein eines die Abschaltbedingung beim Fehlerschutz ersetzenden Schutzpotentialausgleichs – durch die Potentialausgleichsmaßnahmen liegt eine vollwertige Schutzmaßnahme bei indirektem Berühren vor – ist, dass der zugehörige Schutzpotentialausgleichsleiter in erster Linie Körper von gleichzeitig berührbaren elektrischen Betriebsmitteln miteinander verbindet.

Der zusätzliche Schutzpotentialausgleich als Ersatz für den Fehlerschutz durch Abschaltung nach DIN VDE 0100-410:2018-06 liegt in folgenden Fällen vor:

- zusätzlicher Schutzpotentialausgleich bei Schutzmaßnahme im TN-System, wenn die Abschaltbedingung nicht erfüllt werden kann (Teil 410, Abschnitt 411.4),
- zusätzlicher Schutzpotentialausgleich bei Schutzmaßnahme im TT-System, wenn die Abschaltbedingung nicht erfüllt werden kann (Teil 410, Abschnitt 411.5),
- zusätzlicher Schutzpotentialausgleich bei Schutzmaßnahme im IT-System, wenn die Abschaltbedingung nicht erfüllt werden kann (Teil 410, Abschnitt 411.6),
- erdfreier, örtlicher Schutzpotentialausgleich (Teil 410, Anhang C.2),
- Schutzpotentialausgleich bei Schutztrennung mit mehreren Verbrauchsmitteln (Teil 410, Anhang C.3).

Die einzuhaltenden Anforderungen an den zusätzlichen Schutzpotentialausgleich als Ersatz für eine automatische Abschaltung im Fehlerfall gehen aus DIN VDE 0100-410: 2018-06, Abschnitt 413.1.6, hervor. Prüfkriterium ist die vereinbarte Grenze der dauernd zulässigen Berührungsspannung U_L bzw. bei Schutztrennung für mehrere Verbrauchsmittel die Einhaltung der geforderten Abschaltzeit im -Doppelfehlerfall.

7.3.2.2 Besichtigen

Das Besichtigen muss nach DIN VDE 0100-600:2017-06, Abschnitt 6.4.2, durchgeführt werden, um nachzuweisen, dass die fest angeschlossenen Betriebsmittel

- entsprechend den Normen der Reihe DIN VDE 0100 (aber auch entsprechend den anderen DIN-VDE-Normen) korrekt ausgewählt und errichtet wurden,
- ohne sichtbare, der Sicherheit beeinträchtigende, Beschädigungen sind.

Konkrete Vorgaben für das Besichtigen des ausgeführten zusätzlichen Schutzpotentialausgleichs sind in DIN VDE 0100-600 speziell nicht enthalten.

Bei der Prüfung durch Besichtigen muss festgestellt werden, ob alle gleichzeitig berührbaren Körper, Schutzleiteranschlüsse und alle fremden leitfähigen Teile in den zusätzlichen Schutzpotentialausgleich einbezogen sind.

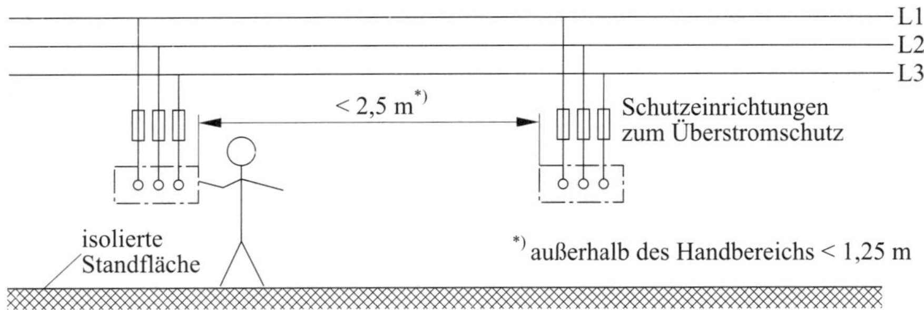

Bild 7.5 Untereinander gleichzeitig berührbare Körper bei isolierter Standfläche

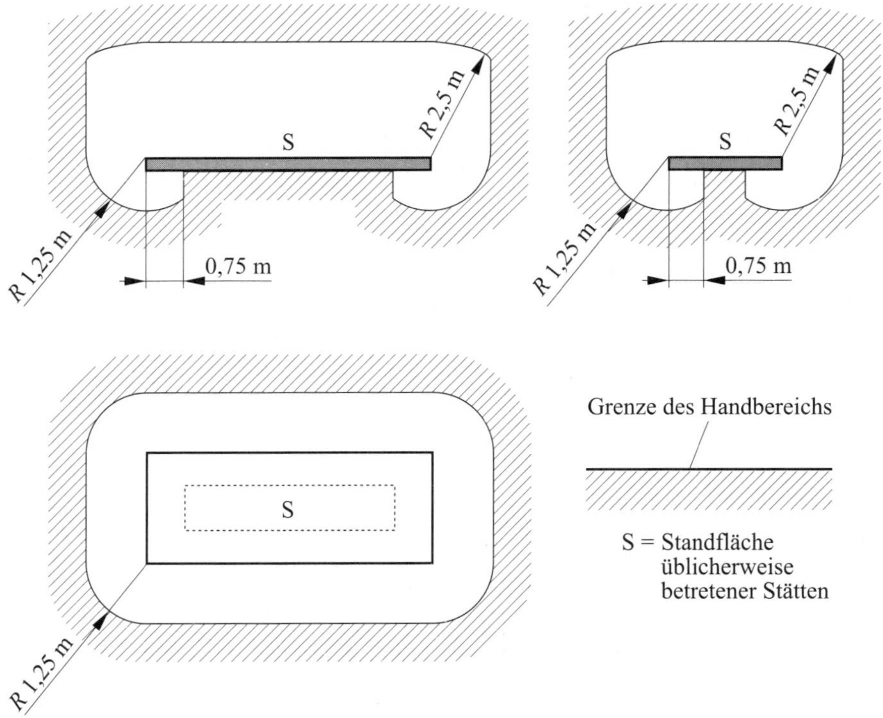

Bild 7.6 Maße des Handbereichs (nach DIN VDE 0100-200)

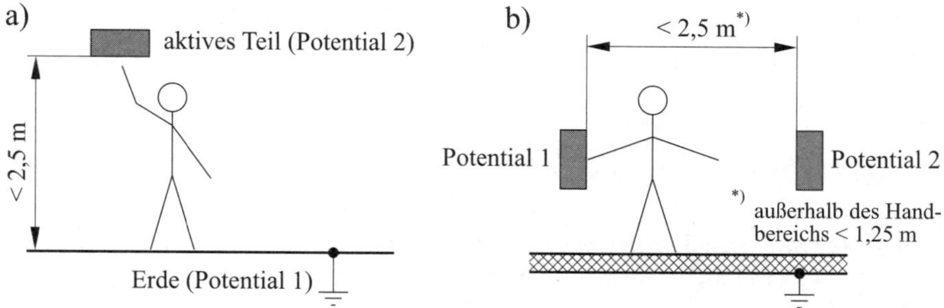

Bild 7.7 Untereinander gleichzeitig berührbare Körper – a) bei leitfähigem Standort, b) bei isoliertem Standort

Gleichzeitig berührbare Teile

Welche Körper ortsfester Betriebsmittel als gleichzeitig berührbar gelten, ist indirekt Anhang C.1 von DIN VDE 0100-410:2018-10 bei der Behandlung des Schutzes durch nicht leitende Räume zu entnehmen. Danach sind im Umkehrschluss unter anderem Abstände zwischen den einzelnen Körpern untereinander als gleichzeitig berührbar anzusehen, wenn die Entfernung zwischen zwei Teilen < 2,5 m beträgt (**Bild 7.5**). Sie kann außerhalb des Handbereichs auf < 1,25 m herabgesetzt werden (**Bild 7.6**). Als fremdes leitfähiges Teil gilt auch eine leitfähige Standfläche (**Bild 7.7**).

7.3.2.3 Messen des Schutzpotentialausgleichs

Nach DIN VDE 0100-600:2017-06, Abschnitt 6.4.3.2, muss eine Messung der Durchgängigkeit der Verbindungen des zusätzlichen Schutzpotentialausgleichs durchgeführt werden. Es muss also durch Messen – sinngemäß wie bei der Prüfung des Schutzpotentialausgleichs – festgestellt werden, dass zwischen den in den zusätzlichen Schutzpotentialausgleich einbezogenen gleichzeitig berührbaren Körpern, Schutzleiteranschlüssen und fremden leitfähigen Teilen eine leitende Verbindung besteht. Einzelheiten hierzu siehe auch Kapitel 7.2.2 dieses Buchs.

Das Messen des Widerstandswerts der Verbindungen des zusätzlichen Schutzpotentialausgleichs sollte nur dann durchgeführt werden, wenn Zweifel an der Wirksamkeit des zusätzlichen Schutzpotentialausgleichs besteht. Zwei häufiger vorkommende Zweifelsfälle sind:

- Die gleichzeitig berührbaren Körper untereinander sowie die gleichzeitig berührbaren Körper und fremden leitfähigen Teile sind nicht direkt, sondern auf größeren Umwegen miteinander verbunden.
- Sind leitfähige Standflächen vorhanden, ist meistens nicht geklärt, ob sie ausreichend in den zusätzlichen Schutzpotentialausgleich einbezogen sind.

Ansonsten ist das Messen der Durchgängigkeit der Verbindungen des zusätzlichen Schutzpotentialausgleichs durchzuführen.

Niederohmige Verbindung

Darüber hinaus muss durch Messen auch die Wirksamkeit der jeweiligen Schutzmaßnahme für den Fehlerschutz nachgewiesen werden. Festzustellen ist dann, ob der Widerstand zwischen den gleichzeitig berührbaren Körpern und fremden leitfähigen Teilen so niederohmig ist, dass beim maximal möglichen Fehlerstrom, der nicht zur Abschaltung führt, die vereinbarte Grenze der dauernd zulässigen Berührungsspannung U_L nicht überschritten wird.

Es ist also nachzuweisen, dass der Widerstand zwischen gleichzeitig berührbaren Körpern untereinander sowie zwischen gleichzeitig berührbaren Körpern und fremden leitfähigen Teilen folgende Bedingung erfüllt:

$$R \leq \frac{U_L}{I_a}$$

Darin bedeuten:

R Widerstand zwischen Körpern und fremden leitfähigen Teilen, die gleichzeitig berührbar sind,

U_L vereinbarte Grenze der dauernd zulässigen Berührungsspannung (im Normalfall $U_L = 50$ V bei Wechselspannung bzw. $U_L = 120$ V bei Gleichspannung),

I_a Strom, der die automatische Abschaltung der Schutzeinrichtung innerhalb der festgelegten Zeit bewirkt.

Spannungsfall ist Kriterium

Kriterium ist der Spannungsfall am Schutzpotentialausgleichsleiter zwischen zwei gleichzeitig berührbaren Körpern, der als Berührungsspannung U_B von einem Menschen überbrückt werden kann. Er ergibt sich zu:

$$U_B \leq U_L$$

Berührungsspannung

Die Höhe der Berührungsspannung U_L ist nach DIN VDE 0100-200:2006-06 definiert als der Höchstwert der Berührungsspannung, der zeitlich unbegrenzt bestehen bleiben darf. Die maximalen Werte für U_L ergeben sich zu: im Normalfall $U_L = 50$ V bei Wechselspannung bzw. $U_L = 120$ V bei Gleichspannung. Die Reduzierung in besonderen Anwendungsfällen, z. B. Tierhaltung in der Landwirtschaft, auf $U_L = 25$ V bei Wechselspannung bzw. 60 V bei Gleichspannung ist entfallen.

Strom der zur Abschaltung führt

Obwohl die Berührungsspannung U_B beim größtmöglichen Strom ihren Maximalwert annimmt, ist dennoch nur der Strom I_a bei der Rechnung anzusetzen, der zur Abschaltung führt. Bei der Anwendung von Fehlerstrom-Schutzeinrichtungen (RCDs) ist der Bemessungsdifferenzstrom $I_{\Delta n}$ einzusetzen, bei Überstromschutzeinrichtungen der Strom, der eine Abschaltung bewirkt. Können jedoch in der Praxis höhere Ströme auftreten, sind die Abschaltzeiten kürzer und dadurch auch trotz steigender Berührungsspannung U_B die Gefährdung von Personen geringer.

Die Gefährdung tritt nicht beim höchstmöglichen Spannungsfall auf, sondern bei

$$U_B = R \cdot I_a$$

I_a ist dabei meist der Abschaltstrom der Überstromschutzeinrichtung, die im Hinblick auf den Überstromschutz sowieso vorhanden ist.

I_a und U_L sind fest vorgegebene Werte. Als veränderbare Größe bleibt nur der Widerstand R zwischen gleichzeitig berührbaren Körpern. Das Kriterium für die Dimensionierung für den zusätzlichen Querschnitt ergibt sich zu

$$R \leq \frac{U_L}{I_a}$$

Die Bedingung ist relativ leicht zu erfüllen und auch leicht zu kontrollieren, wenn eine direkte Verbindung zwischen zwei gleichzeitig berührbaren Körpern untereinander oder zwischen gleichzeitig berührbaren Körpern und fremden leitfähigen Teilen besteht (**Bild 7.8**).

Beispiel

Gegeben: PVC-isolierter Schutzpotentialausgleichsleiter zwischen zwei gleichzeitig berührbaren Körpern mit dem Querschnitt 2,5 mm² Cu und der Länge von 2 m; die Verbrauchsmittel sind mit Sicherungen der Betriebsklasse gG mit einem Nennstrom von 160 A bzw. 20 A abgesichert.

Gefragt: Bedingung $R \leq \frac{U_L}{I_a}$ erfüllt?

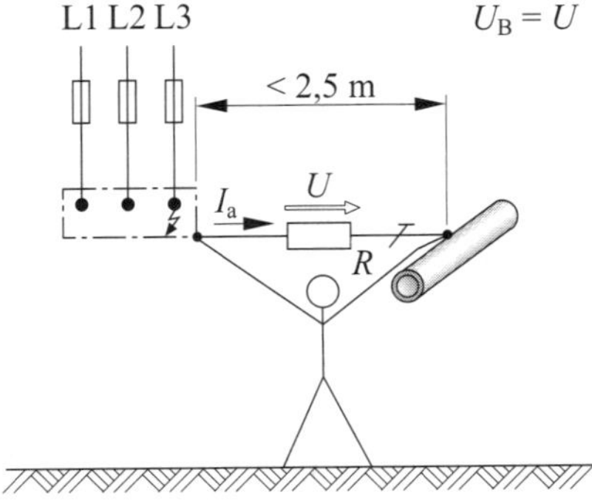

Bild 7.8 Prüfung des zusätzlichen Schutzpotentialausgleichs bei isolierter Standfläche

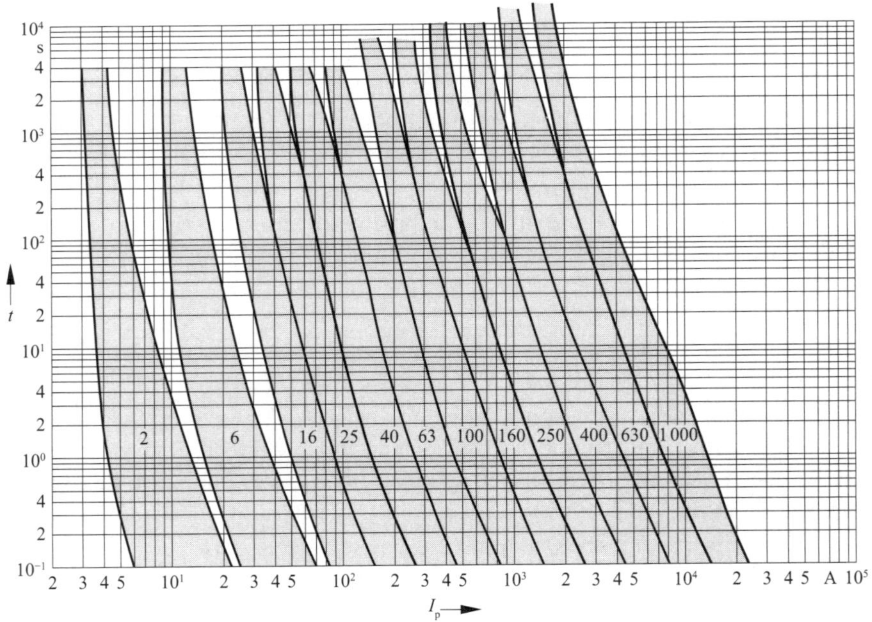

Bild 7.9 Zeit-Strom-Bereiche für NH-Sicherungseinsätze der Betriebsklasse gG gemäß DIN VDE 0636-2:2014-09

Lösung:

Der 5-s-Abschaltstrom einer Sicherung der Betriebsklasse gG mit einem Nennstrom von 160 A (größte Sicherung) beträgt 900 A (**Bild 7.9**). Daraus ergibt sich:

$$R \leq \frac{U_\mathrm{L}}{I_\mathrm{a}} = \frac{500\ \mathrm{V}}{900\ \mathrm{A}} = 55{,}6\ \mathrm{m\Omega}$$

Der Kaltwiderstand des 2 m langen Potentialausgleichsleiters aus Kupfer mit dem Querschnitt 2,5 mm^2 beträgt bei 30 °C nach Tabelle 7.2:

$$R_{30\,°\mathrm{C}} = 2\ \mathrm{m} \cdot 7{,}566\,1\ \mathrm{m\Omega/m} = 15{,}1\ \mathrm{m\Omega}$$

Außer von Länge, Querschnitt und Leiterwerkstoff hängt der Widerstand aber noch von der Temperatur ab. Der Warmwiderstand ergibt sich zu:

$$R_{\Theta_x} = R_{30\,°\mathrm{C}}\left[1 + \alpha \cdot \left(\Theta_x - 30\ °\mathrm{C}\right)\right]$$

Darin bedeuten:

R_{Θ_x} Warmwiderstand,

α Temperaturkoeffizient in K^{-1},

Θ_x andere Temperatur in °C.

Der Temperaturkoeffizient für Kupfer beträgt $\alpha = 3{,}93 \cdot 10^{-3}\ \mathrm{K}^{-1}$. Die zulässige Höchsttemperatur Θ_x ergibt sich für den PVC-isolierten Schutzpotentialausgleichsleiter zu 160 °C. Der Warmwiderstand ergibt sich somit zu:

$$\begin{aligned} R_{\Theta_x} &= R_{30\,°\mathrm{C}}\left[1 + \alpha \cdot \left(\Theta_x - 30\ °\mathrm{C}\right)\right] \\ &= 15{,}1 \cdot 10^{-3}\ \Omega\left[1 + 3{,}93 \cdot 10^{-3}\ \mathrm{K}^{-1} \cdot \left(160\ °\mathrm{C} - 30\ °\mathrm{C}\right)\right] \\ &= 22{,}8\ \mathrm{m\Omega} \end{aligned}$$

Die Forderung

$$R \leq \frac{U_\mathrm{L}}{I_\mathrm{a}}$$

ist erfüllt, da

$$22{,}8\ \mathrm{m\Omega} \leq 55{,}6\ \mathrm{m\Omega}$$

Die Dimensionierung des Schutzpotentialausgleichsleiters mit 2,5 mm^2 Cu-Querschnitt ist im Hinblick auf den Spannungsfall am Schutzpotentialausgleichsleiter, der von einem Menschen überbrückt werden kann, also richtig. Korrekterweise müsste nun noch geprüft werden, ob die thermische Belastbarkeit gegeben ist.

Gerade die leitfähigen Standflächen bedeuten Probleme bei der Überprüfung des zusätzlichen Potentialausgleichs, da sie meist eine deutlich schlechtere Leitfähigkeit als sonstige Metallteile haben. Daher muss in solchen Fällen der Widerstand $R_Ü$ zwischen den metallenen Steuererdern und der Standfläche berücksichtigt werden (**Bild 7.10**). Weil ein Fehler zu einem in aller Regel deutlichen Spannungsfall $U_Ü$ am Übergangswiderstand führen wird, ist die vorher behandelte Prüfbedingung (siehe Beispiel) nicht mehr ausreichend. Sie ist als zu großzügig anzusehen.

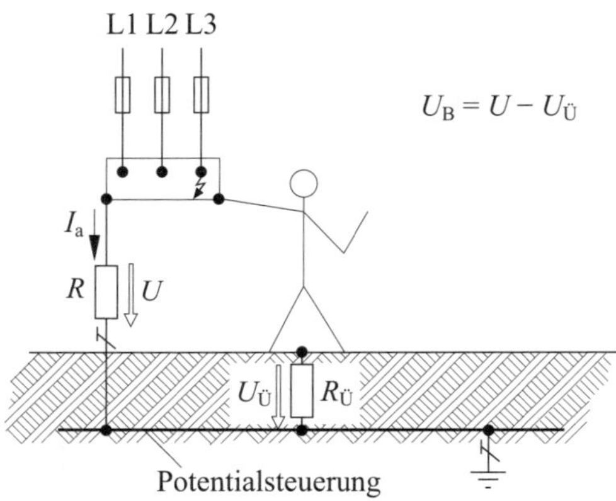

Bild 7.10 Prüfung des zusätzlichen Potentialausgleichs bei leitfähiger Standfläche

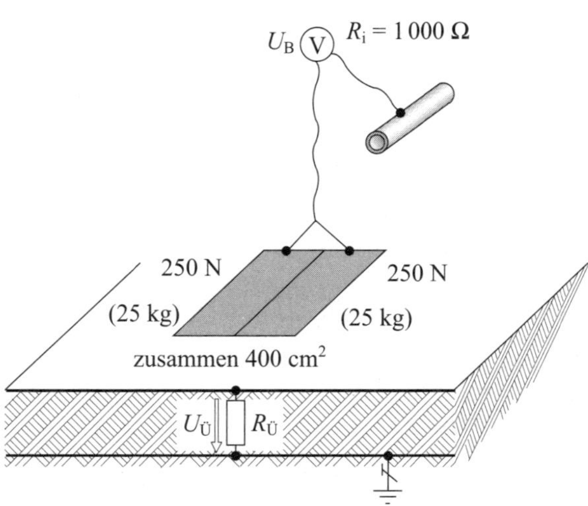

Bild 7.11 Prüfanordnung zur Messung der Spannung zwischen berührbaren Körpern bzw. fremden leitfähigen Teilen und leitfähigen Standflächen

In den Fällen mit leitfähiger Standfläche ist es besser, die Spannung, die bei einem Körperschluss auftritt, zwischen den berührbaren Körpern bzw. fremden leitfähigen Teilen und der leitfähigen Standfläche direkt zu messen. Für das Messen dieser Spannung ist ein Verfahren gemäß DIN EN 50522 (**VDE 0101-2**):2011-11 [40], Anhang H, zur Messung der Berührungsspannung anzuwenden. Bei dieser Methode (**Bild 7.11**) ist ein Spannungsmesser mit einem inneren Widerstand von etwa 1 kΩ zu verwenden.

Die Messelektrode zur Nachbildung der Füße muss eine Fläche von insgesamt 400 cm^2 (zwei Füße je 200 cm^2) haben und mit einer Kraft von 500 N (zwei Füße je 250 N) auf dem Boden aufliegen.

7.3.3 Prüfung des zusätzlichen Schutzpotentialausgleichs

7.3.3.1 Anwendungsbereich

Ein Schutz durch einen zusätzlichen Schutzpotentialausgleichsleiter soll verhindern, dass gleichzeitig berührbare Teile mit unterschiedlichem Potential eine gefährliche Spannungsdifferenz vor Ort entstehen lassen. Solche Spannungsdifferenzen entstehen im Allgemeinen, wenn leitfähige Körper mit unterschiedlichen unabhängigen Erdern mit unterschiedlichen Potentialen verbunden sind.

Keine automatische Abschaltung möglich

In solchen Fällen gibt es keine Möglichkeiten bei Spannungsdifferenzen eine automatische Abschaltung durch eine Schutzeinrichtung vorzunehmen, hier hilft nur eine Schutzpotentialausgleich, der solche unterschiedlichen Potentiale kurzschließt.

Beispiele für Orte und Bereiche, in denen der zusätzliche Schutzpotentialausgleich als Schutzmaßnahme beim direkten Berühren von Spannungsdifferenzen gefordert wird, enthalten:

- Räume mit Badewanne oder Dusche (DIN VDE 0100-701) [41],
- Becken von Schwimmbädern und andere Becken (DIN VDE 0100-702) [42],
- landwirtschaftliche Anwesen (DIN VDE 0100-705) [43],
- Unterrichtsräume mit Experimentierständen (DIN VDE 0100-723) [44].

7.3.3.2 Besichtigen des zusätzlichen Schutzpotentialausgleichs

Das Besichtigen muss nach DIN VDE 0100-600:2017-06, Abschnitt 6.4.2, durchgeführt werden, um nachzuweisen, dass die fest angeschlossenen Betriebsmittel

- entsprechend den Normen der Reihe DIN VDE 0100 (aber auch entsprechend anderer DIN-VDE-Normen) korrekt ausgewählt und errichtet wurden,
- ohne sichtbare, die Sicherheit beeinträchtigende Beschädigungen sind.

Hierzu gehört auch die Feststellung, dass der Querschnitt des zusätzlichen Schutzpotentialausgleichs DIN VDE 0100-540, Abschnitt 544.1 [32] entspricht.

Festigkeit der Verbindung prüfen

Dabei muss festgestellt werden, ob alle gleichzeitig berührbaren Körper, Schutzleiteranschlüsse und alle fremden leitfähigen Teile in den örtlichen zusätzlichen Schutzpotentialausgleich einbezogen sind. Hierzu gehört auch, die Überprüfung der Festigkeit der Verbindung durch Fühlen.

7.3.3.3 Messen des zusätzlichen Schutzpotentialausgleichs

Nach DIN VDE 0100-600:2017-06, Abschnitt 6.4.3.2, muss eine Messung der Durchgängigkeit der Verbindungen des zusätzlichen Schutzpotentialausgleichs geprüft werden.

Auch hier wird wie bei der Prüfung des Schutzpotentialausgleichs vorgegangen. Es ist durch Messen festzustellen, ob zwischen den in den zusätzlichen Schutzpotentialausgleich einbezogenen gleichzeitig berührbaren Körpern, Schutzleiteranschlüssen und fremden leitfähigen Teilen eine elektrische Verbindung besteht. Einzelheiten hierzu siehe auch Kapitel 7.2.2 des Buchs.

7.4 Messgeräte für die Prüfung des Schutzpotentialausgleichs

7.4.1 Allgemeines

Während der Prüfung müssen Vorsichtsmaßnahmen ergriffen werden, um eine Gefährdung von Personen und eine Beschädigung von Eigentum sowie der installierten Betriebsmittel zu vermeiden. Selbstverständlich darf auch die Elektrofachkraft, die diese Messungen durchführt, selbst nicht gefährdet werden. Nur durch normengerechte Prüfgeräte können solche Messungen ohne Gefahren durchgeführt werden.

Messgeräte und Überwachungseinrichtungen müssen den Normen der Reihe DIN EN 61557-1 (**VDE 0413-1**) entsprechen.

Anforderungen für Geräte zur Prüfung der Elektrische Sicherheit in Niederspannungsnetzen bis AC 1 000 V und DC 1 500 V – Geräte zum Prüfen, Messen oder Überwachen von Schutzmaßnahmen sind in folgenden Normen festgelegt, siehe **Tabelle 7.1**:

DIN EN 61557-1	VDE 0413-1	Teil 1: Allgemeine Anforderungen
DIN EN 61557-2	VDE 0413-2	Teil 2: Isolationswiderstand
DIN EN 61557-3	VDE 0413-3	Teil 3: Schleifenwiderstand
DIN EN 61557-4	VDE 0413-4	Teil 4: Widerstand von Erdungsleitern, Schutzleitern und Potentialausgleichsleitern
DIN EN 61557-5	VDE 0413-5	Teil 5: Erdungswiderstand
DIN EN 61557-6	VDE 0413-6	Teil 6: Wirksamkeit von Fehlerstrom-Schutzeinrichtungen (RCDs) in TT-, TN- und IT-Systemen
DIN EN 61557-7	VDE 0413-7	Teil 7: Drehfeld
DIN EN 61557-8	VDE 0413-8	Teil 8: Isolationsüberwachungsgeräte für IT-Systeme
DIN EN 61557-9	VDE 0413-9	Teil 9: Einrichtungen zur Isolationsfehlersuche in IT-Systemen
DIN EN 61557-10	VDE 0413-10	Teil 10: Kombinierte Messgeräte zum Prüfen, Messen oder Überwachen von Schutzmaßnahmen
DIN EN 61557-11	VDE 0413-11	Teil 11: Wirksamkeit von Differenzstrom-Überwachungsgeräten (RCMs) Typ A und Typ B in TT-, TN- und IT-Systemen
DIN EN 61557-12	VDE 0413-12	Teil 12: Kombinierte Geräte zur Messung und Überwachung des Betriebsverhaltens
DIN EN 61557-13	VDE 0413-13	Teil 13: Handgehaltene und handbediente Strommesszangen und Stromsonden zur Messung von Ableitströmen in elektrischen Anlagen
DIN EN 61557-14	VDE 0413-14	Teil 14: Geräte zum Prüfen der Sicherheit der elektrischen Ausrüstung von Maschinen
DIN EN 61557-15	VDE 0413-15	Teil 15: Anforderungen zur Funktionalen Sicherheit von Isolationsüberwachungsgeräten in IT-Systemen und von Einrichtungen zur Isolationsfehlersuche in IT-Systemen
DIN EN 61557-16	VDE 0413-16	Teil 16: Geräte zur Prüfung der Wirksamkeit der Schutzmaßnahmen von elektrischen Geräten und/oder medizinisch elektrischen Geräten

Tabelle 7.1 Auflistung der Normen für Prüfgeräte

Beispiel

Für das Messen des Widerstands von Erdungsleitern, Schutzleitern und Schutzpotentialausgleichsleitern wird als Norm für das benötigte Messgerät die DIN EN 61557-4 (**VDE 0413-4**) [45] genannt Messgeräte nach dieser Norm sind unter anderem geeignet zur Prüfung der Wirksamkeit des Schutzpotentialausgleichs, also der Messung des Widerstands von Schutzpotentialausgleichsleitern einschließlich ihrer Verbindungen und Anschlüsse.

7.4.2 Anforderungen

Die Messspannung darf bei solchen Messgeräten nach DIN EN 61557-4 (**VDE 0413-4**) eine Gleich- oder Wechselspannung sein. Die Leerlaufspannung darf 24 V nicht überschreiten und 4 V nicht unterschreiten, wobei ein Messstrom von mindestens 200 mA fließen muss. Einfache Widerstandsmesser, z. B. digitale Multimeter, erfüllen diese Bedingung meistens nicht. Sie entsprechen nicht der DIN EN 61557 und dürfen daher nicht für die Messungen bei der Überprüfung von Schutzmaßnahmen verwendet werden. Nur durch die Verwendung von Messgeräten der Normenreihe DIN EN 61557 gewährleistet, dass gefährliche Berührungsspannungen und erhöhte Fremdspannungen erkannt werden und die erforderliche Messgenauigkeit auch bei korrodierten Klemmen eingehalten wird.

Mindestleerlaufspannung

Die Leerlaufspannung muss deshalb mindestens 4 V betragen, da bei niedrigeren Spannungen die Gefahr besteht, dass die Messwerte in unzulässiger Weise, z. B. durch Thermospannungen, galvanische Spannungen oder Fremdschichten an Prüfobjekten, verfälscht werden können. Bei Anwendung von Gleichstrom – die meisten Geräte auf dem Markt sind so ausgelegt – ist ein Polumschalter vorgeschrieben oder die Möglichkeit, die Polarität über die Anschlussleitungen zu vertauschen. Dadurch ist auf einfache und schnelle Weise zu prüfen, ob Störgleichströme, z. B. galvanische Erdströme, in der Anlage vorhanden sind. Deren Einfluss lässt sich so ausschließen.

Betriebsmessabweichung

Die maximale prozentuale Betriebsmessabweichung (früher: Gebrauchsfehler) darf innerhalb des zu kennzeichnenden Messbereichs ±30 % nicht überschreiten. Der bei den im Handel erhältlichen Messgeräten übliche Wert liegt deutlich darunter, z. B. 10 %.

Messleitungen berücksichtigen

Da mitunter lange Messleitungen benötigt werden, ist zu beachten, dass der Widerstand der Messleitungen vom Messwert abzuziehen ist, sofern dies nicht durch eine entsprechende Schaltung des Messgeräts berücksichtigt wird. Wenn der Widerstand der Messleitungen als Vorwegabzug bereits im Messgerät einkalibriert wird, so muss dies entsprechend DIN EN 61557-4 (**VDE 0413-4**) erkennbar sein.

Da die Durchgangsmessung eine niederohmige Messung im Bereich von einigen 100 mΩ bis mehreren Ohm geschieht, haben die Widerstände der Messleitung einen Einfluss auf die Messung. Insbesondere wenn eine lange Messleitung von z. B. 20 m für eine Verbindung mit der Haupterdungsschiene verwendet wird, siehe **Bild 7.12**.

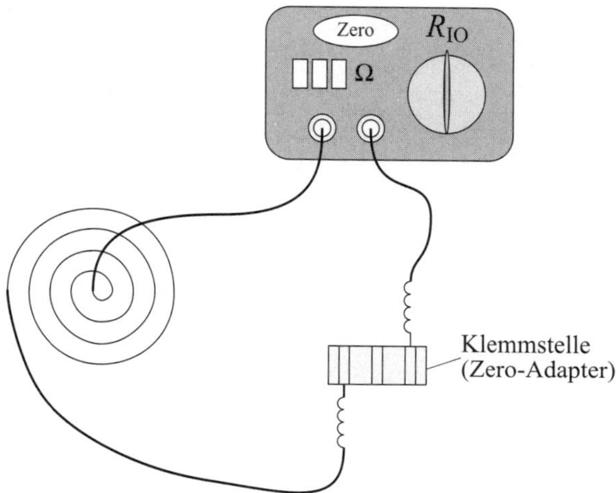

Bild 7.12 Angeschlossene kurzgeschlossene Messleitungen für die Kalibrierung

Zur Kalibrierung müssen die am Messgerät angeschlossenen Messleitungen kurzgeschlossen werden und am Messgerät eine Kompensation der Messleitungen ausgelöst werden. Um bei der Kalibrierung Übergangswiderstände an der Kurzschlussstelle der Messleitungen weitgehend zu vermeiden, sollte eine Klemmverbindung, z. B. durch die Verwendung eines sogenannten „Zero-Adapters", hergestellt werden.

8 Messen von Isolationswiderständen

8.1 Allgemeines

Nahezu ständig und recht selbstverständlich verarbeitet der Elektrohandwerker isolierende Werkstoffe und das wahrscheinlich, ohne sich der besonderen Bedeutung dieses Materials bewusst zu sein. Gäbe es diese Werkstoffe nicht, wäre weder die Erzeugung noch die Fortleitung elektrischer Energie möglich. Dies macht deutlich, welche Bedeutung die „Isolation" besonders in der Elektroindustrie hat.

Leckstrom

Im Folgenden soll aber nicht auf die speziellen Eigenschaften der unterschiedlichen Isolierstoffe eingegangen werden, sondern vielmehr auf den Widerstand, den die Isolation dem elektrischen Strom entgegensetzt. Da es sich um einen elektrischen Widerstand handelt, kann man folgern, dass mit einem gewissen Stromfluss durch den Widerstand zu rechnen ist. Dies ist eine Tatsache, die oft nicht so recht bedacht wird: Es gibt keinen 100-prozentigen Isolator. In jeder elektrischen Anlage wird ein gewisser „Leckstrom" fließen, abhängig von der Größe des Widerstands und der Höhe der Spannung. Das in der Fachliteratur häufig verwendete Wort „Leckstrom" wird gelegentlich vielleicht eine gewisse Verwunderung auslösen, dennoch handelt es sich hier tatsächlich um ein „Lecken" – eine Undichtigkeit, ein Verlorengehen. Im Zusammenhang mit den Anforderungen der DIN VDE 0100 wird jedoch nicht die Größe des „Lecks" gemessen, sondern der Widerstand, der dem „Verlorengehen" entgegengesetzt wird.

Die normensetzenden Gremien sehen einen gewissen „Leckstrom" als zulässig an. Das heißt, man kalkuliert einen gewissen „Energieverlust" ein. Dieser ist jedoch so gering, dass hiervon keine Gefahren für Menschen, Nutztiere oder Sachwerte ausgehen.

Die in der **Tabelle 8.1** geforderten Isolationswiderstandswerte stellen Mindestwerte dar. Üblicherweise liegt der Isolationswiderstand im hohen Megaohmbereich und damit erheblich über den geforderten Mindestwerten.

Der messtechnische Nachweis, dass die in den DIN-VDE-Normen geforderten Isolationswerte eingehalten sind, ist relativ einfach zu führen. Dennoch ist diese praktisch recht problemlos durchzuführende Messung, bezogen auf die Sicherheit der Anlage, von großer Bedeutung. In der Wertigkeit der Messungen im Rahmen der DIN VDE 0100-600 steht die Messung des Isolationswiderstands an erster Stelle.

Schutzmaßnahme	Bemessungsspannung Stromkreis	Messgleichspannung	Mindestisolationswiderstand
SELV- und PELV-Stromkreise	AC ≤ 50 V, DC ≤ 120 V	DC 250 V	≥ 0,5 MΩ
FELV-Stromkreise	AC ≤ 50 V, DC ≤ 120 V	DC 500 V	≥ 1 MΩ
Hauptstromkreise	AC ≤ 500 V	DC 500 V	≥ 1 MΩ
Hauptstromkreise	AC > 500 V	DC 1 000 V	≥ 1 MΩ

Tabelle 8.1 Mindestwerte des Isolationswiderstands

Bei der Isolationsmessung ist darauf zu achten, dass keine fest angeschlossenen elektrischen Betriebsmittel einbezogen werden, die für die Messgleichspannung genug spannungsfest sind. Eventuell müssen solche Verbraucher vor der Spannungsprüfung abgeklemmt werden.

Enthalten fest angeschlossene elektrische Betriebsmittel zu EMV-Zwecken Entstörkondensatoren, die mit dem Schutzleitersystem verbunden sind, können diese zu Messfehlern führen.

8.2 Durchführung der Isolationswiderstandsmessung

Der Isolationswiderstand ist zwischen den aktiven Leitern (auch der Neutralleiter zählt dazu) und zwischen den aktiven Leitern und dem Schutzleiter zu messen.

Können festangeschlossene elektrische Betriebsmittel die Isolationsmessung zwischen den aktiven Leitern verfälschen, dürfen diese für die Prüfung kurzgeschlossen werden. Soll jedoch eine Isolationsmessung zwischen allen aktiven Leitern durchgeführt werden, sind die elektrischen Betriebsmittel von der elektrischen Anlage abzuklemmen. Doch dabei ist das Risiko zu beurteilen, ob durch das Abklemmen und Wiederanschließen nicht neue Probleme auftreten. Alternativ kann auf die Messung zwischen den aktiven Leitern komplett verzichtet werden und nur die Prüfung der aktiven Leitern zum Schutzleiter vorgenommen werden.

Vom Netz trennen

Bei der Messung des Isolationswiderstands muss das zu prüfende Anlagenteil vollständig vom einspeisenden Netz getrennt und spannungsfrei sein. Damit alle Leitungsteile erfasst werden, müssen vorhandene Schalter geschlossen sein. Falls dies nicht möglich ist, müssen die Teilabschnitte getrennt gemessen werden.

Alle aktiven Leiter

Am einfachsten führt man die Messung im Speisepunkt der Anlage durch, also in einer Verteilung, wo sich auch die erforderliche Trennung des Neutralleiters vom Schutzleiter durchführen lässt. Die Messung wird zwischen allen aktiven Leitern (d. h. allen Außenleitern und dem Neutralleiter) und dem Schutzleiter durchgeführt.

Messstromkreise aufteilen

Wenn der Messwert in ausgedehnten Anlagen kleiner ist als der nach Tabelle 8.1 vorgegebene Wert, ist es zulässig, die Anlage in einzelne Stromkreisgruppen aufzuteilen und den Isolationswiderstand einer jeden Gruppe zu messen. Wenn der bei einer Stromkreisgruppe gemessene Wert immer noch zu klein ist, muss der Widerstand der einzelnen Stromkreise oder Teilstromkreise gemessen werden. Dabei ist die Plausibilität jedes einzelnen Stromkreises zu bewerten. Die Anforderungen gelten gleichermaßen für trockene und nasse Räume.

Messwerte größer als der geforderte Wert

Der Isolationswiderstand reicht aus, wenn in jedem Stromkreis – ohne angeschlossene Verbraucher – die Werte in Tabelle 8.1 unter Berücksichtigung des Messfehlers gemessen werden. Man sollte jedoch bedenken, dass bei dem heutigen Isolationsmaterial üblicherweise für den Isolationswiderstand Werte gemessen werden, die weit über den geforderten Werten liegen. Wenn die Werte bei einer Messung ohne angeschlossene Verbraucher nur knapp eingehalten werden, so ist dies zwar der Norm entsprechend, es ist bei einer neuen Anlage aber doch ein Zeichen dafür, dass etwas nicht ganz in Ordnung ist.

Überspannungsschutzeinrichtungen (SPDs)

Die Messung des Isolationswiderstands ist üblicherweise an der vollständigen Anlage mit allen angeschlossenen Betriebsmitteln durchzuführen. Zu diesen Betriebsmitteln gehören auch Überspannungsschutzeinrichtungen (SPDs). Wenn die Messung des Isolationswiderstands durch Überspannungsschutzeinrichtungen (SPDs) der Klasse B oder C im Einspeise- oder Stromkreisverteilerbereich beeinflusst wird, weil diese für die Messspannung nicht bemessen sind, lässt sich die Prüfung in der vorgeschriebenen Form nicht durchführen. Entsprechend DIN VDE 0100-600 können diese Betriebsmittel während der Isolationsmessung erdseitig getrennt werden. Dies ist problemlos durchzuführen, wenn die Überspannungsschutzeinrichtungen (SPDs) steckbar ausgeführt sind. Zur Durchführung der Prüfung sollten die Herstellerangaben der Überspannungsschutzeinrichtungen (SPDs) diesbezüglich überprüft werden. Wenn es nicht leicht möglich ist, die Betriebsmittel abzuklemmen, z. B. bei

Steckdosen mit Überspannungsschutzeinrichtungen (SPDs), darf die Prüfspannung für diesen Stromkreis auf 250 V reduziert werden.

Isolationswiderstand zu SELV/PELV-Stromkreisen

Bei Stromkreisen mit einem Schutz durch SELV, PELV oder Schutztrennung muss durch eine Isolationswiderstandsmessung die Trennung aktiver Teile von denen anderer Stromkreise und gegebenenfalls von Erde nachgewiesen werden. Wobei FELV-Stromkreise mit der Prüfspannung des Primärstromkreises gemessen werden.

SELV/PELV-Stromkreise

Der Schutz gegen elektrischen Schlag durch Kleinspannung kann durch zwei unterschiedlichen Kleinspannungssystemen bestehen. Wobei die SELV-Spannungsquelle sekundärseitig ungeerdet, siehe **Bild 8.1**, und die PELV-Spannungsquelle sekundärseitig geerdet betrieben wird, sieh **Bild 8.2**.

Auch solche Stromkreise müssen einer Prüfung des Isolationswiderstands unterzogen werden. Obwohl SELV/PELV-Spannungen nur bis AC 50 V reichen, müssen diese Stromkreise grundsätzliche mit einer Prüfspannung von DC 250 V geprüft werden.

Elektrische Betriebsmittel, die mit einer solchen kleinen Spannung versorgt werden, müssen überprüft werden, ob eine solch hohe Prüfspannung zulässig ist. Gegebenenfalls müssen solche elektrischen Betriebsmittel vor der Prüfung abgeklemmt werden.

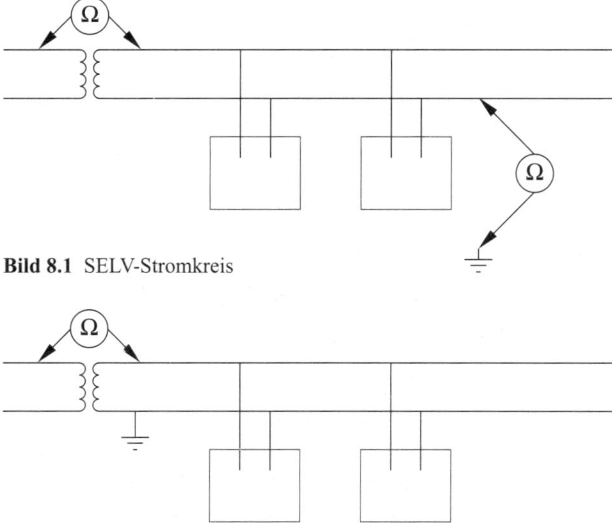

Bild 8.1 SELV-Stromkreis

Bild 8.2 PELV-Stromkreis

Werden SELV-/PELV-Stromkreise gemeinsam mit Hauptstromkreisen in einer mehradrigen Leitung oder im Leiterbündel verlegt, gilt als Prüfspannung die des Hauptstromkreises.

Schutztrennung mit mehr als einem elektrischen Betriebsmittel

Bei der Schutztrennung wird als Stromquelle ein Trenntransformator entsprechend DIN EN 61558-1 (**VDE 0570-1**) [46] verwendet, der den Stromkreis galvanisch vom Netz trennt. Die Bemessungsspannung ist bei solchen Stromkreisen auf AC 500 V begrenzt. Üblicherweise wird die Schutztrennung für nur die Versorgung ein einziges elektrisches Betriebsmittel vorgesehen, z. B. in engen leitfähigen Räumen (**Bild 8.3**).

Werden jedoch mehrere elektrische Betriebsmittel von einer solchen Stromquelle versorgt, muss durch Messung oder Berechnung nachgewiesen werden, dass im Sekundärkreis im Fehlerfall, eine automatische Abschaltung innerhalb der erforderlichen Zeit erfolgt.

Zusätzlich ist der Isolationswiderstand zwischen dem Schutzpotentialausgleichsleiter der die Körper, der elektrischen Betriebsmittel untereinander verbindet, und dem Erdpotential zu messen.

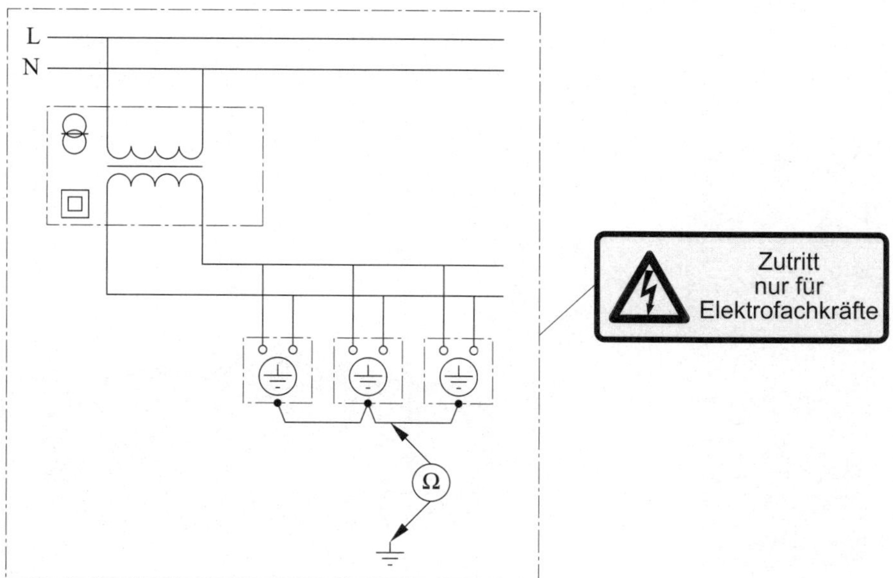

Bild 8.3 Fehlerschutz durch Schutztrennung mit erdfreiem Schutzpotentialausgleich

8.3 Anforderungen an Isolationswiderstandmessgeräte

Die verwendeten Isolationsmessgeräte müssen den Anforderungen der DIN EN 61557-2 (**VDE 0413-2**) [47] entsprechen. Die Isolationswiderstandsmessung ist mit einer Gleichspannung durchzuführen. Man hat sich für die Gleichspannung entschieden, um den Einfluss der Kapazität zwischen den Leitern sowie den Leitern und Erde bei der Messung auszuschließen.

Nach DIN EN 61557-2 (**VDE 0413-2**) darf bei versehentlichem Anlegen von fremden Gleich- oder Wechselspannungen mit Effektivwerten bis zum 1,2-Fachen der Nennspannungen des Isolationsmessgeräts für die Dauer von 10 s das Gerät weder schadhaft noch der Anwender gefährdet werden.

8.4 Ausführungen von Isolationsmessgeräten

Bei der Beschaffung eines Messgeräts für die Isolationsmessung ist darauf zu achten, dass das Messgerät der DIN EN 61557-2 (**VDE 0413-2**) entspricht.

Wichtig ist, dass alle benötigten Messgleichspannungen zur Verfügung stehen, wie:

- DC 250 V für SELV/PELV-Stromkreise,
- DC 500 V für Hauptstromkreise bis Bemessungsspannungen von AC 500 V,
- DC 1 000 V für Hauptstromkreise mit einer Bemessungsspannung > AC 500 V.

Bild 8.4 Isolationsmessgerät (Quelle: Beha-Amprobe)

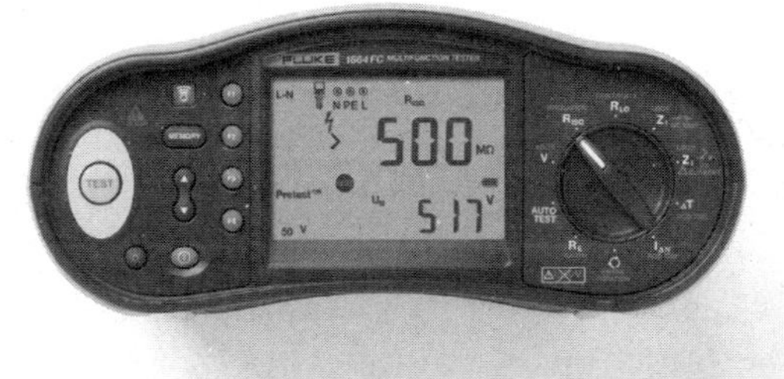

Bild 8.5 Multifunktionsinstallationstester (Quelle: Fluke)

Es gibt Messgeräte, die nur für die Isolationsmessung vorgesehen sind (siehe **Bild 8.4**), oder auch Multifunktionsmessgeräte mit denen unter anderem auch Isolationsmessungen durchgeführt werden können, siehe **Bild 8.5**.

9 Messen der Durchgängigkeit der Schutzleiter

9.1 Allgemeines

Zu unterscheiden sind

- die eigentliche Forderung des Messens einer Widerstandsmessung der Schutzleiter nach DIN VDE 0100-600:2017-06, Abschnitt 6.4.3.2,
- die Durchführung einer niederohmigen Widerstandsmessung zur Erfüllung vorgenannter Forderung.

Vor der Messung ist das Besichtigen der Schutzleiter erforderlich, z. B. bezüglich Querschnitte, Verbindungen und Anschlüsse.

9.2 Messen der Durchgängigkeit der Schutzleiter

Nach DIN VDE 0100-600:2017-06, Abschnitt 6.4.3.2, muss die Durchgängigkeit der Schutzleiter und Schutzpotentialausgleichsleiter durch eine Widerstandsmessung geprüft werden.

Diese Anforderung war in DIN VDE 0100-600:1987-11 in dieser Form – gültig für alle Schutzleiter der elektrischen Anlage – nicht vorhanden. Bereits seit Veröffentlichung der DIN VDE 0100-610:1994-04 ist eine Messung der Durchgängigkeit erforderlich.

9.3 Niederohmige Widerstandsmessung

9.3.1 Wozu dient die niederohmige Widerstandsmessung?

Mit der niederohmigen Widerstandsmessung kann die Niederohmigkeit von Schutzleitern, Schutzpotentialausgleichsleitern und Erdungsleitern gemessen werden. Außerdem kann durch die niederohmige Widerstandsmessung die niederohmige Verbindung von Körpern mit anderen Körpern, mit den Schutzleitern und den Erdern einschließlich der Leiterverbindungen sowie Klemm- und Anschlussstellen gemessen werden.

9.3.2 Wo kann die niederohmige Widerstandsmessung angewendet werden?

Die niederohmige Widerstandsmessung ist keine eigenständige Prüfung. Sie ermöglicht aber das Durchführen vielfältiger Messaufgaben. Einsatzmöglichkeiten sind **Tabelle 9.1** zu entnehmen.

Schutzmaßnahme zum Schutz gegen elektrischen Schlag	Messaufgabe
Schutzpotentialausgleich	Messen der Durchgängigkeit der Verbindungen des Schutzpotentialausgleichs
zusätzlicher Schutzpotentialausgleich	Messen der Durchgängigkeit der Verbindungen des zusätzlichen Schutzpotentialausgleichs
TN-, TT-, IT-System allgemein	Verwechslung von Schutz- und Neutralleitern. Durchgängigkeit der Schutzleiter
TN-, TT-, IT-System mit Fehlerstrom-Schutzeinrichtung (RCD)	richtige Zuordnung der Neutralleiter zu den jeweils von der Fehlerstrom-Schutzeinrichtung (RCD) erfassten Stromkreisen bei mehr als einer Fehlerstrom-Schutzeinrichtung für die gesamte Anlage Feststellung, ob alle anderen zu schützenden Anlagenteile über den Schutzleiter mit der Messstelle zuverlässig verbunden sind, an der die Auslösung der Fehlerstrom-Schutzeinrichtung erfolgte
FELV (Funktionskleinspannung ohne sichere Trennung)	Messung, ob ordnungsgemäße Verbindung der Körper mit dem Schutzleiter des speisenden Netzes oder dem Potentialausgleichsleiter besteht

Tabelle 9.1 Durch niederohmige Widerstandsmessung zu erfüllende Messaufgaben

9.3.3 Durchführung der niederohmigen Widerstandsmessung

Die Durchführung ist – was besonders in bewohnten und teilbewohnten Anlagen von Bedeutung ist – infolge der verwendeten Spannung von mindestens 4 V bis maximal 24 V nach DIN EN 61557-4 (**VDE 0413-4**) ungefährlich.

Die Messung einer niederohmigen Verbindung erfolgt je nach Messaufgabe (siehe Tabelle 9.1) zwischen unterschiedlichen Messpunkten. So z. B. bei der

- Messung von Schutzleitern zwischen den Schutzleiteranschlussklemmen bzw. Körpern der Betriebsmittel, z. B. Steckdose, und der PE-Schiene des Stromkreisverteilers,
- Messung der Durchgängigkeit der Verbindungen des Schutzpotentialausgleichs und des zusätzlichen Schutzpotentialausgleichs zwischen fremden leitfähigen Teilen untereinander und mit dem Schutzleiter,
- Messung von Erdungsleitern zwischen Erder und der Haupterdungsschiene (MET).

Ablauf einer Messung

Der Ablauf einer niederohmigen Widerstandsmessung ist nachstehend am Beispiel einer Messung zwischen der PE-Schiene im Stromkreisverteiler und den Schutzleiteranschlussklemmen der Verbrauchsmittel aufgezeigt.

Als zusätzliches Hilfsmittel ist eine etwa 10 m lange Messleitung erforderlich (Messleitungen 1 und 1′ in **Bild 9.1**), deren Eigenwiderstand berücksichtigt werden muss. Diese Messleitung wird einerseits mit der Schutzleiterschiene des Stromkreisverteilers, andererseits mit dem Messgerät verbunden (Messleitung 1 in Bild 9.1). Die etwa 10 m Leitungslänge geben genügend Spielraum, einen Teil der Schutzkontakte oder Geräte der zu prüfenden Anlage mit der zweiten Messleitung (Messleitung 2 im Bild 9.1) des Geräts zu erreichen.

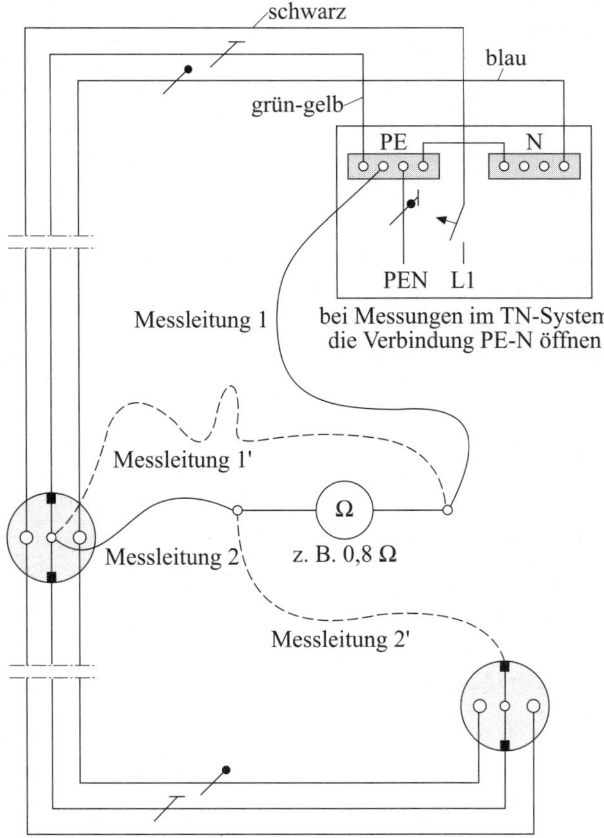

Bild 9.1 Niederohmige Prüfung des Schutzleiters (PE)

Schutzkontakt einer Steckdose

Nach dem Prüfen des ersten Teilbereichs der Anlage (Messleitungen 1 und 2) wird die Messleitung von der Schutzleiterschiene der Verteilung abgenommen und mit einem bereits geprüften Schutzkontakt der Anlage verbunden (Messleitung). Auf diese Art und Weise können auch größere Anlagen schnell und ungefährlich auf gute Verbindung des Schutzleiters hin kontrolliert werden. Grundsätzlich darf die Zusatzmessleitung auch länger als 10 m sein, nur wird sie dann unter Umständen unhandlich im Gebrauch.

Messung ohne Verbraucher möglich

Die Messung kann sehr früh, noch ehe elektrische Verbrauchsmittel angeschlossen sind, besonders aber ohne zusätzlich „vor Ort" geerdete Geräte, durchgeführt werden. Nur so kann der eigentliche Schutzleiter überprüft werden. Wird vor dieser Messung bei der Schutzmaßnahme mit Überstromschutzeinrichtungen im TN-System die Brücke zwischen Neutralleiter- und Schutzleiterschiene im Stromkreisverteiler entfernt, wird bei dieser Messung gleichzeitig der richtige Anschluss des Schutzkontakts an den Steckdosen geprüft. Eine Verwechslung mit dem Neutralleiter oder gar mit einem Außenleiter wird dabei sofort offenkundig. Mit der Messung werden also gleichzeitig zwei wichtige Punkte in der elektrischen Anlage geprüft.

Werden Werte bis etwa 2,5 Ω erreicht – unter Berücksichtigung der zusätzlichen Messleitung –, so sind die Verbindungen als ausreichend zu betrachten. Aus Erfahrung kann gesagt werden, dass Werte um 0,8 Ω bis 1,0 Ω üblich sind.

Lange Messleitungen berücksichtigen

Da mitunter lange Messleitungen benötigt werden, ist zu beachten, dass der Widerstand der Messleitungen vom Messwert abzuziehen ist, sofern dies nicht durch eine entsprechende Schaltung des Messgeräts, z. B. durch Vierpolausführung der Messleitungen, schon Berücksichtigung findet. Wenn der Widerstand von nicht fest angeschlossenen Messleitungen als Vorwegabzug bereits einkalibriert wurde, so muss dies nach DIN EN 61557-4 (**VDE 0413-4**) erkennbar sein.

9.3.4 Anforderungen an Widerstandsmessgeräte

9.3.4.1 Allgemeines

Während der Prüfung müssen Vorsichtsmaßnahmen ergriffen werden, um eine Gefährdung von Personen und eine Beschädigung von Eigentum sowie der installierten Betriebsmittel zu vermeiden. Selbstverständlich darf auch die Elektrofachkraft selbst nicht gefährdet werden. Am günstigsten erreicht man diese Ziele, wenn die Prüfung mit normgerechten Messgeräten entsprechend DIN EN 61557 (**VDE 0413**) durchgeführt werden.

Die Auswahl normgerechter Messgeräte für die jeweiligen Messaufgaben ermöglicht neben der Nichtgefährdung der Elektrofachkraft auch das Erreichen von plausiblen Messergebnissen.

Für Messgeräte zum Messen des Widerstands von Erdungsleitern, Schutzleitern und Schutzpotentialausgleichsleitern gilt die Norm DIN EN 61557-4 (**VDE 0413-4**).

Die Funktion „niederohmige Widerstandsmessung" wird meist nicht als separates Messgerät angeboten. Oft ist sie mit der Funktion „Isolationswiderstandsmessung" auch gemeinsam in einem Multifunktionsmessgerät vorzufinden.

9.3.4.2 Wesentliche Anforderungen

Nach DIN EN 61557-4 (**VDE 0413-4**) [45] ist bei analoger Anzeige eine Skalenverteilung vorgeschrieben, bei der Widerstandswerte zwischen 0,2 Ω und 2 Ω 50 % der gesamten Skalenlänge einnehmen müssen. Außerdem muss in diesem Bereich bei analoger Anzeige die Skalenteilung für je 0,1 Ω mindestens 0,5 mm betragen. Hat das Messgerät größere Teilstrichabstände, so wird die Ablesung wesentlich erleichtert. Bei digitalen Geräten muss die Auflösung mindestens 0,01 Ω betragen.

Die Messspannung darf bei Messgeräten nach DIN EN 61557-4 (**VDE 0413-4**) eine Gleich- oder Wechselspannung sein. Die Leerlaufspannung darf 24 V nicht überschreiten und 4 V nicht unterschreiten.

Berücksichtigt man die Anforderungen an die Skala und die Spannungsgrenzen von mindestens 4 V und maximal 24 V, so ergibt sich, dass diese Prüfung nicht mit einem herkömmlichen Ohmmeter durchzuführen ist.

Wechsel- als auch Gleichspannung

Für die Messung kann sowohl Wechsel- als auch Gleichspannung Anwendung finden. Der Messstrom darf auch im kleinsten Messbereich 0,2 A nicht unterschreiten. In der alten deutschen Norm DIN 57413-4 (**VDE 0413-4**) musste bei Wechselspannung der vom Gerät aufgebrachte Kurzschlussstrom sogar 5 A betragen. Daher arbeiteten praktisch alle Geräte batteriebetrieben mit Gleichspannung. Für die damals geforderten 5 A Kurzschlussstrom bei der Messung mit Wechselstrom müsste das Netz als Stromquelle dienen (netzgespeister Transformator). Das Verwenden der Netzspannung ist häufig zum Zeitpunkt der Durchführung der Messung (bei Neubauten vor der Inbetriebnahme) umständlich und gegebenenfalls auch zeitraubend, wenn die Netzspannung erst herangeführt werden muss.

Der wesentlich höhere Kurzschlussstrom von 5 A bei der Messung mit Wechselstrom war begründet. Er sollte den Einfluss von vagabundierenden Gleichströmen weitgehend ausschalten. Dies ist heute jedoch nicht mehr explizit durch die Norm gefordert, hat aber Vorteile bei schlechten Kontakten zur Messstelle. Bei den batteriebetriebenen Geräten mit Gleichspannung erreicht man das weitgehende Ausschalten von vagabundierenden Gleichströmen durch Polumschalter, die heute nach DIN EN 61557-4 (**VDE 0413-4**) erforderlich sind. Die Messung kann dann mit beiden Polaritäten durchgeführt werden. Werden vagabundierende Gleichströme erkannt, können sie durch Bildung des arithmetischen Mittelwerts ausgeschaltet werden.

Fremdspannung am Messgerät

Widerstandsmessgeräte nach DIN EN 61557-4 (**VDE 0413-4**) sind so gebaut, dass sie beim versehentlichen Anlegen von Fremdspannungen bis zum 1,2-fachen Wert der Nennspannung der Netze, in denen sie verwendet werden dürfen, weder beschädigt werden noch Bedienende gefährden.

9.3.4.3 Bemessungsbedingungen

Die Bemessungsbedingungen für Widerstandsmessgeräte nach DIN EN 61557-1 (**VDE 0413-1**) sind:

- beliebige Gebrauchslage,
- Temperaturbereich zwischen 0 °C und +35 °C,
- bei Speisung durch das Netz innerhalb eines Bereichs von 85 % bis 110 % der Nennversorgungsspannung,
- bei Speisung durch Batterie muss die Batteriespannung innerhalb vorgegebener Grenzen liegen.

9.3.4.4 Betriebsmessabweichungen

Die maximale Betriebsmessabweichung von Widerstandsmessgeräten darf nach DIN EN 61557-4 (**VDE 0413-4**) innerhalb des gekennzeichneten Messbereichs höchstens ±30 % betragen. Dabei bezieht sich die Abweichung auf den abgelesenen Wert.

Die auf den ersten Blick große zugelassene Messabweichung stellt in der Praxis aber kein Problem dar. Insbesondere bei kleinen Werten spielt die große Messabweichung keine Rolle, da die Messfehler viel stärker beim Messvorgang entstehen. So führt z. B. eine Oxidationsschicht an der Berührungsstelle oder ein mehr oder weniger starker Anpressdruck beim Anlegen der Prüfspitzen zu starken Schwankungen bei der Anzeige des Messwerts.

Bei einem Widerstand von 0,1 Ω beträgt die Messabweichung von ±30 % des angezeigten Werts nur ±30 mΩ. Der tatsächliche Widerstandswert kann somit zwischen 0,07 Ω und 0,13 Ω liegen. Für die Praxis hat diese Differenz keine Bedeutung. In den meisten Fällen ist die Kenntnis des exakten Widerstandswerts nicht erforderlich. Der geringe Wert signalisiert eindeutig, dass der Widerstand hinreichend niederohmig ist und weitere Überlegungen nicht erforderlich sind.

10 Messen von Erdungswiderständen

10.1 Allgemeines

Wenn bei einer Schutzmaßnahme zum Schutz gegen elektrischen Schlag der Erderwiderstand eine Rolle spielt, müssen bei der Messung bestimmte Vorgaben eingehalten werden.

Üblicherweise wird beim Messen von Erdungswiderständen ein Stromfluss über den zu messenden Erder eingeleitet und hierbei der Spannungsfall an dem Erder gegen einen neutralen Punkt gemessen. Aus den Werten für Strom und Spannung lässt sich der Widerstand des Erders (Erdfühligkeit) nach dem ohmschen Gesetz errechnen. Um aber einen Stromfluss über den Erder einzuleiten, ist es erforderlich, einen Pol der Prüfspannungsquelle zu erden. Der Strom verteilt sich im Umfeld des Erders, wobei die Stromdichte in unmittelbarer Nähe des Erders am größten ist. Trägt man die in definierten Abständen um den stromdurchflossenen Erder gemessenen Spannungen grafisch auf, ergibt sich eine trichterförmige Kurve (**Bild 10.1**).

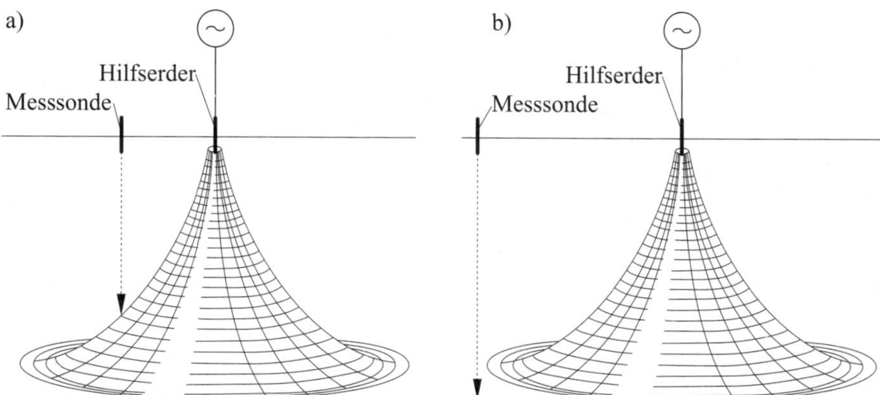

Bild 10.1 Ermittlung des Spannungstrichters –
a) innerhalb des Spannungstrichters, b) außerhalb des Spannungstrichters

Spannungstrichter

Aus diesem Sachverhalt resultiert der Begriff „Spannungstrichter". Für eine derartige Messung sollte ein möglichst hochohmiger Spannungsmesser verwendet werden, da dadurch die Übergangswiderstände der erforderlichen Messsonden kaum ins Gewicht fallen. Werden die Messsonden ständig weiter vom stromdurchflossenen

Erder entfernt eingeschlagen, erreicht man schließlich Messpunkte, an denen so gut wie keine Spannungsunterschiede mehr messbar sind: Es ist der in Bezug auf den stromdurchflossenen Erder neutrale Bereich gefunden worden.

Neutraler Bereich

Der Bereich dieser Messpunkte ist so weit vom betrachteten Erder entfernt, dass er vom Stromfluss durch den Erder unbeeinflusst bleibt. Ihm wird das Potential „Null“ zugeordnet. In der Praxis beginnt dieser neutrale Bereich ab etwa 20 m Entfernung vom stromdurchflossenen Erder. Hier werden die Messsonden eingeschlagen. Das **Bild 10.2** veranschaulicht den Verlauf der Potentiallinien; die Linien gleichen Potentials oder gleicher Spannung verlaufen etwa kreisförmig um den Staberder. Bei Erdern mit geringer Ausdehnung wird dieses Nullpotential oft schon in einem Abstand von 20 m vom Erder zu suchen sein. Sind die Erdungsanlagen umfangreicher gestaltet, ist mit einer größeren Entfernung vom Erder zu rechnen (siehe auch Kapitel 10.4 dieses Buchs).

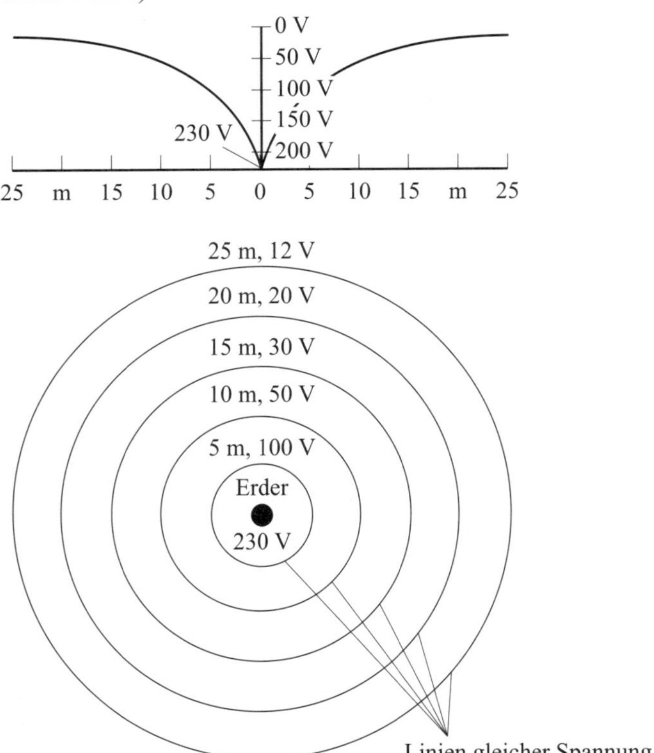

Bild 10.2 Potentialfeld eines Staberders im homogenen Erdreich

Erderspannung

Die Spannung zwischen der Bezugserde und dem stromdurchflossenen Erder wird als Erderspannung U_E bezeichnet. Der Teil der Spannung, der von einem Menschen von seinem Standort aus gegen den Erder oder sonstige mit diesem in Verbindung stehenden leitfähigen Teilen überbrückt werden kann, wird mit Berührungsspannung U_B bezeichnet. Der Teil der Spannung, die der Mensch mit einem Schritt überbrückt, ist die Schrittspannung U_S.

Ausbreitungswiderstand

Der Widerstand, der zwischen einem neutralen Punkt und dem Erder gemessen wird, ist der Ausbreitungswiderstand. In dem Begriff Erdungswiderstand ist der Ausbreitungswiderstand und der Widerstand der Erdungsleitung zusammengefasst; Letzterer ist meist wesentlich geringer als der Ausbreitungswiderstand. Die Leitfähigkeit des Erdreichs ist von entscheidendem Einfluss auf den Ausbreitungswiderstand. Durch die unterschiedliche Bodenfeuchtigkeit, Temperatur und Zusammensetzung des Erdreichs weichen die regionalen und jahreszeitlichen Werte des spezifischen Erdwiderstands ρ_E mit der Dimension Ωm recht erheblich voneinander ab. In der Literatur sind Werte zwischen 5 Ωm und 3 000 Ωm zu finden (**Tabelle 10.1**).

	Art des Erdreichs			
	Moorboden	**Lehm, Ton, Humus**	**Sand, Kies**	**Gebirge**
spezifischer Erdwiderstand ρ_E in mΩ	5 … 40	20 … 200	200 … 2 500	500 … 3 000

Tabelle 10.1 Spezifische Erdwiderstände ρ_E in mΩ

Mit zunehmendem Feuchtigkeitsgehalt wird der spezifische Erdwiderstand ρ_E geringer, jedoch nur bis zu einem gewissen Grad (**Bild 10.3**).

Für die überschlägige rechnerische Ermittlung des Ausbreitungswiderstands R eines Tiefenerders kann folgende Näherungsformel angewendet werden:

$$R = \frac{\rho_E}{t}$$

Als Näherungsformel für einen Oberflächen-Banderder gilt:

$$R = \frac{2 \cdot \rho_E}{l}$$

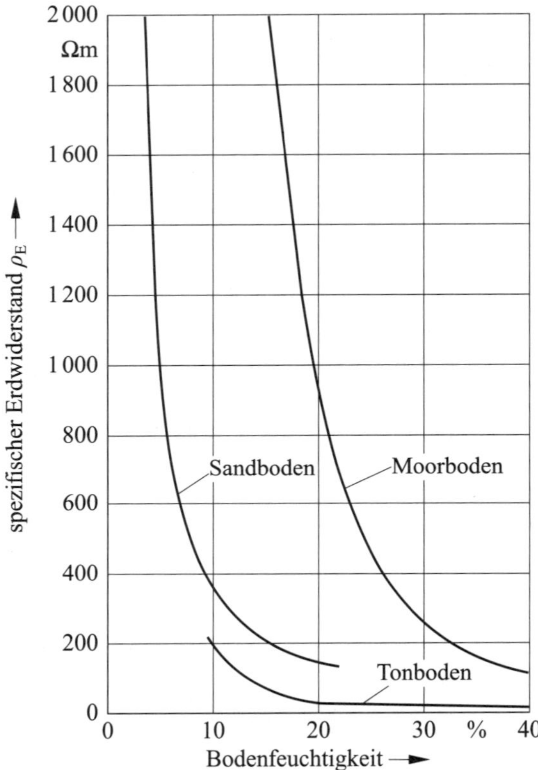

Bild 10.3 Einfluss der Bodenfeuchte auf den spezifischen Erdwiderstand

Darin bedeuten:

t Länge des Tiefenerders,

l Länge des Erders.

Die Formeln gelten allerdings nur dann, wenn davon ausgegangen werden darf, dass das Erdreich im Bereich des Erders von gleicher Konsistenz ist. Besonders bei Tiefenerdern wird diese Voraussetzung jedoch nicht immer erfüllt.

10.2 Messen mit einem Erdungsmessgerät nach dem Strom-Spannungs-Messverfahren

Beim Strom-Spannungs-Messverfahren wird die Spannung eines Netzes mit einem geerdeten Sternpunkt genutzt. Über einen einstellbaren Prüfwiderstand wird ein Stromfluss über den Erder eingeleitet, der mit einem Strommesser überwacht wird. Parallel dazu wird mit einem möglichst hochohmigen Spannungsmesser der Spannungsfall am Erder gegen eine Sonde im neutralen Bereich gemessen (**Bild 10.4**). Nach dem ohmschen Gesetz lässt sich aus den Messwerten der Erdungswiderstand errechnen:

$$R_x = \frac{U}{I}$$

Bei diesem Messverfahren muss die Größe des Prüfwiderstands nicht bekannt sein. In der Fachliteratur sind Werte zwischen 1 000 Ω und 20 Ω zu finden. Kleiner als 10 Ω sollte der unterste Widerstandswert jedoch nicht sein.

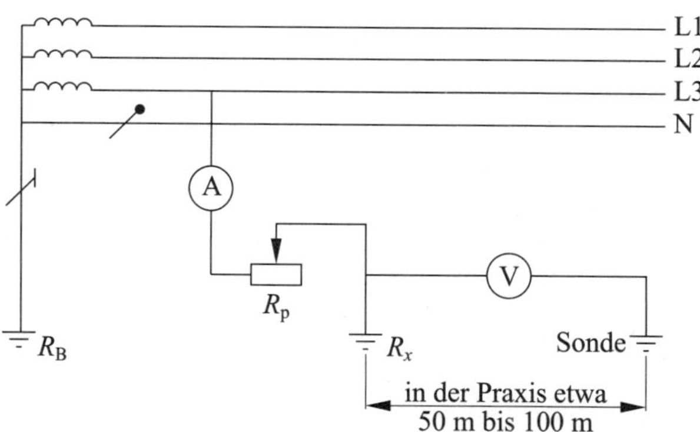

Bild 10.4 Messen des Erdungswiderstands mit Netzspannung (Strom-Spannungs-Messverfahren)

Unbeachtete Tatsache

Oftmals unbeachtet bleibt die Tatsache, dass nicht nur am zu prüfenden Erder ein Spannungsfall auftritt. Der über das Erdreich zum Sternpunkt des Speisetransformators fließende Strom verursacht auch am Sternpunkt einen Spannungsfall, der das Neutralleiterpotential in dem speisenden Netz anhebt (**Bild 10.5**). Bei einem Prüfstrom von 10 A würde dies bei einem Betriebserder von R_B = 2 Ω eine Anhebung des Potentials des Betriebserders bzw. des Neutralleiters auf 20 V bedeuten. Aus diesem Grunde ist bei der Messung darauf zu achten, dass weder der Betriebserder noch der Anlagenerder, dessen Widerstandswert gemessen werden soll, eine Spannung > 50 V annehmen.

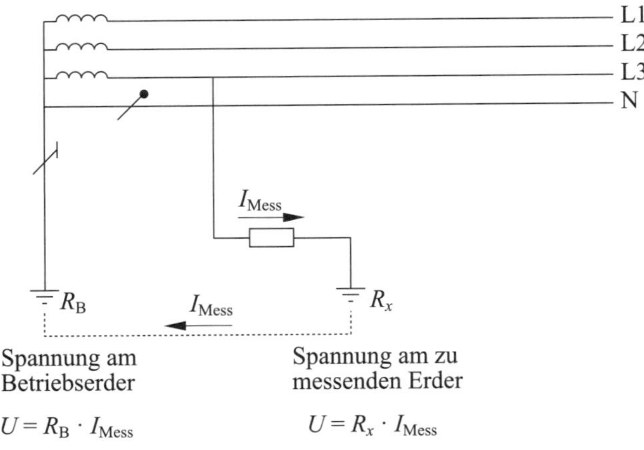

Bild 10.5 Mögliche Gefahren durch Messverfahren mit Netzspannung

Streuströme

Bei dieser Art der Messung ist nicht auszuschließen, dass der Spannungsmesser schon eine Spannung anzeigt, obwohl kein Prüfstrom fließt. Diese Anzeige resultiert aus Streuströmen im Erdreich und geht als Fehler in die Messung ein. Da die vektorielle Lage dieser Störspannung unbekannt ist, kann nicht beurteilt werden, ob dieser Betrag addiert oder subtrahiert werden muss. Der Messfehler ist vertretbar, wenn die Spannung bei eingeschaltetem Prüfstrom wesentlich größer ist als die zuvor gemessene Streuspannung.

Hochohmiger Spannungsmesser

Es wurde bereits empfohlen, einen möglichst hochohmigen Spannungsmesser für die Messung zu verwenden. Hierdurch soll der Einfluss des Erdungswiderstands der Sonde weitgehend kompensiert werden. Der Widerstandswert einer etwa 0,5 m in das Erdreich eingetriebenen Messsonde liegt je nach Bodenbeschaffenheit erfahrungsgemäß zwischen etwa 500 Ω und 1 000 Ω. Der am häufigsten benutzte Messbereich ist der 30-V-Bereich. Ein üblicher Spannungsmesser mit $R_i = 300\ \Omega/V$ hätte bei Vollausschlag dann etwa 9 000 Ω. Diese Bürde läge mit dem Sondenwiderstand von angenommen 800 Ω in Reihe. Das heißt, der Sondenwiderstand macht etwa 10 % in dieser Reihenschaltung aus. Hat der Spannungsmesser aber einen Innenwiderstand von 20 kΩ/V, ist die Bürde im gleichen Messbereich bei gleichem Ausschlag 600 kΩ groß. Dadurch wird der Sondenwiderstand so gut wie unbedeutend; er bleibt praktisch ohne Einfluss auf die Messung.

10.3 Allgemeine Hinweise für die Durchführung von Erdungswiderstandsmessungen

Bei Erdungswiderstandsmessungen nach dem Strom-(Netz-)Spannungs-Messverfahren wird durch den Einsatz möglichst hochohmiger Spannungsmesser der Einfluss des Widerstands der Messsonde auf das Messergebnis weitgehend reduziert. Sinngemäß wird das Gleiche auch durch eine Kompensationsschaltung (Behrend-Methode) erreicht. Bei dieser Schaltung sind im abgeglichenen Zustand Sonde und Anzeigeinstrument stromlos. Fließt aber kein Strom, so ist auch der Widerstand ohne Bedeutung. Auf diese Weise wird die Einwirkung des Messsondenwiderstands unterdrückt. Dennoch sollte der Widerstand auch hier nicht zu hochohmig sein, da bis zum Erreichen des abgeglichenen Zustands ein Strom fließt. Üblicherweise sollten Werte $< 800\ \Omega$ eingehalten werden. In der Bedienungsanleitung des jeweiligen Messgeräts sind die Widerstandswerte für Sonde und Hilfserder zu finden; die nicht überschritten werden dürfen.

Widerstand von Sonde und Hilfserder

Ist sichergestellt, dass die Widerstandswerte von Sonde und Hilfserder innerhalb der geforderten Grenzen liegen, wird in der nachfolgenden Messung der Widerstandswert des eigentlichen Erders gemessen. Wie im Kapitel 10.1 dieses Buchs beschrieben, müssen Erder, Hilfserder und Sonde jeweils im neutralen Bereich zueinander angeordnet sein. Da der neutrale Bereich in der Regel erst nach etwa 20 m beginnt, ergibt sich eine Mindestlänge für die Messsondenleitung von $2 \times 20\ m = 40\ m$. Berücksichtigt man Unsicherheiten, wird die von der VDEW-Richtlinie „Erdungen in Starkstromnetzen“ empfohlene Mindestleitungslänge von 60 m erreicht (**Bild 10.6**). Die kürzesten Leitungslängen werden beim Kompensationsmessverfahren erreicht, wenn die Anordnung des zu messenden Erders, des Hilfserders und der Sonde ein gleichseitiges Dreieck bilden (**Bild 10.7**).

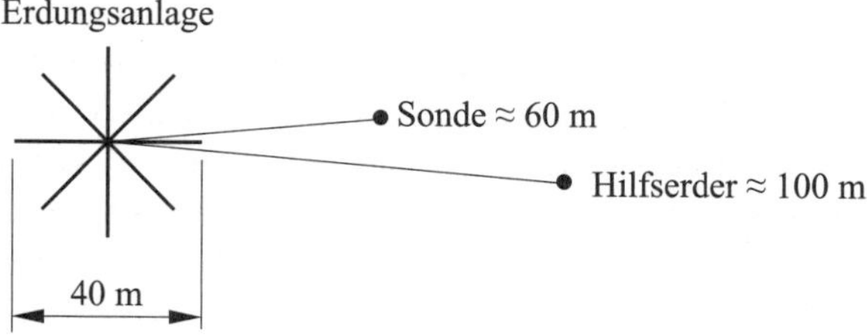

Bild 10.6 Anordnung der Sonden beim Kompensationsmessverfahren

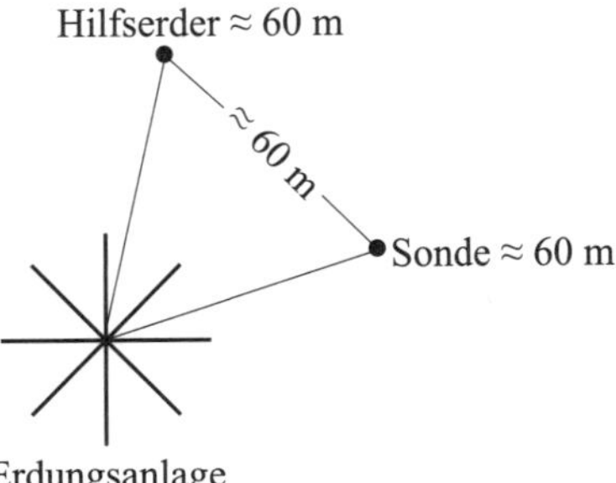

Bild 10.7 Anordnung der Sonden beim Kompensationsmessverfahren

Keine Überschneidung der Spannungstrichter

Da die Spannungstrichter von Erder, Hilfserder und Messsonde sich nicht überschneiden dürfen, sollte vor der Messung des Erdungswiderstands Form und Lage des Erders bekannt sein. Der Raum zwischen den Erdern und der Sonde muss frei sein von metallenen Rohrleitungen und anderen im Erdreich eingelagerten leitenden Einrichtungen, oder der Abstand zum Hilfserder ist ab diesen Metallteilen zu messen. Auch wenn recht lange Sondenleitungen verwendet werden, ist nicht in jedem Fall sichergestellt, dass sich der Erder, der Hilfserder und die Sonde jeweils im neutralen Bereich zueinander befinden. Soll ein sehr genauer Erderwert ermittelt werden, sind in aller Regel mehrere Messungen erforderlich. Dabei sollten die Sonden – wenn eben möglich – nach allen vier Himmelsrichtungen ausgelegt werden.

Unterschiedliche Messergebnisse

Bei unterschiedlichen Messergebnissen erscheint es sinnvoll, den höchsten der gemessenen Werte als richtig anzunehmen. Fehlereinflüsse bei Erdungsmessungen wirken sich dadurch aus, dass ein zu kleiner Erdungswiderstand angezeigt wird. In bebauten Gebieten verursachen insbesondere im Erdreich verborgene elektrisch leitfähige Teile Messfehler. Diese leitfähigen Teile sind vor allem Versorgungsleitungen mit elektrisch leitendem Außenmantel (**Bild 10.8**). Aber auch in nicht bebautem Gelände kann die Messung durch Wurzelwerk von Bäumen und Hecken oder durch Wasseradern beeinflusst, d. h. verfälscht werden. In diesem Zusammenhang sei an den bereits beschriebenen Spannungstrichter erinnert (siehe auch Kapitel 10.1 dieses Buchs). Bei den Spannungsmessungen um den stromdurchflossenen Erder wird schließlich eine Zone erreicht, in der zwischen den beiden Sonden so gut wie kein erkennbarer Spannungsunterschied mehr registriert wird: der neutrale Bereich.

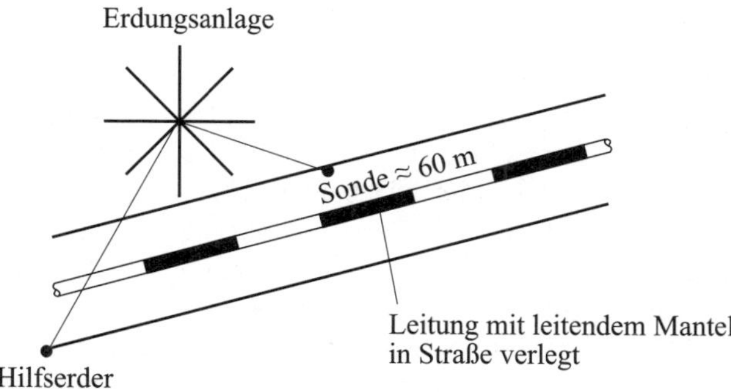

Bild 10.8 Mögliche Verbindung der Spannungstrichter durch Fremderder

Globales Erdungssystem

Sind Transformatorstationen und Gebäude innerhalb eines Gebietes so eng miteinander errichtet (geschlossene Bebauung), sodass ihre Fundamenterder untereinander gekoppelt sind, spricht man von einem globalen Erdungssystem, siehe **Bild 10.9**. Dies bedeutet, dass das Erdpotential überall annähernd gleich ist, auch im Fehlerfall. Es bildet praktische eine Quasiäquipotentialfläche. Dies wird zum Vorteil, wenn in einer Transformatorstation auf der HS-Seite ein Erdschluss auftritt und in einem TN-System dieses Potential über den PEN-Leiter in die Verbraucheranlagen übertragen wird. In Industrieanlagen kann meistens von einer geschlossenen Bebauung ausgegangen werden. In solchen Fällen spricht man von einem globalen Erdungssystem (DIN EN 50522 (**VDE 0101-2**):2011-11 [40]).

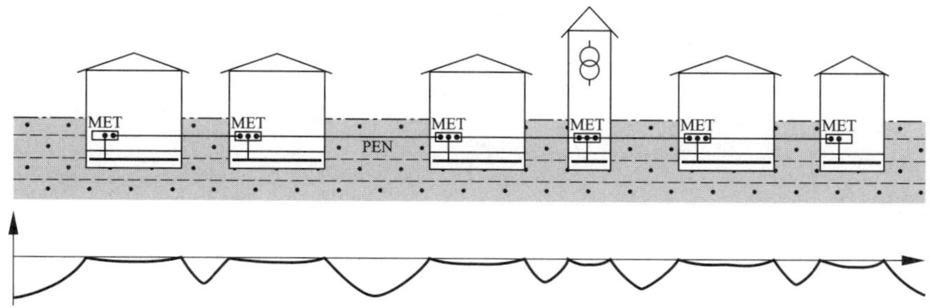

Bild 10.9 Potentialverlauf in einem globalen Erdungssystem
MET: Main Earthing Terminal (Haupterdungsschiene)

Messungen bei Felsengrund

Es sei noch der Hinweis gegeben, dass Erdungswiderstandsmessungen nicht nur dort durchgeführt werden können, wo es möglich ist, Erdspieße einzutreiben. Auch bei felsigem Untergrund sind Messungen mit „Sonden" möglich. Statt der ins Erdreich einzutreibenden „Spieße" übernehmen in derartigen Gebieten elektrisch gut leitende Metallnetze (z. B. verzinkter, engmaschiger Maschendraht) von mindestens 1 m^2 Größe die Aufgabe der „Spieße". Die Oberflächensonden sollten, um den erforderlichen Kontakt mit dem Erdreich sicherzustellen, mit Sandsäcken beschwert werden. Bedingt durch den erschwerenden Transport der Hilfsmittel und die praktisch recht aufwendige Ausführung der Messung kommt dieses Verfahren nur in Ausnahmefällen zur Anwendung.

Dicht bebaute Gebiete

Die bisher beschriebenen Messverfahren zur Ermittlung von Erdungswiderständen stellen der prüfenden Person oft – besonders in dicht bebauten Gebieten – vor unüberwindbare Probleme: Es sind drei Erder erforderlich, die sich gegenseitig nicht beeinflussen dürfen. In dicht bebauten Gebieten ist diese Bedingung oft gar nicht zu erfüllen. Für solche Situationen bietet sich ein Näherungsverfahren an: die Messung der Fehlerschleifenimpedanz über einen Außenleiter, Netzerder (Gesamtheit aller einzelnen Erder längs des Neutral- oder PEN-Leiters) und den zu messenden Erdungswiderstand R_x (**Bild 10.10**). Dabei ist der Messwert um den Erdungswiderstand der Netzerder und die Leiterimpedanz eines Außenleiters zu groß.

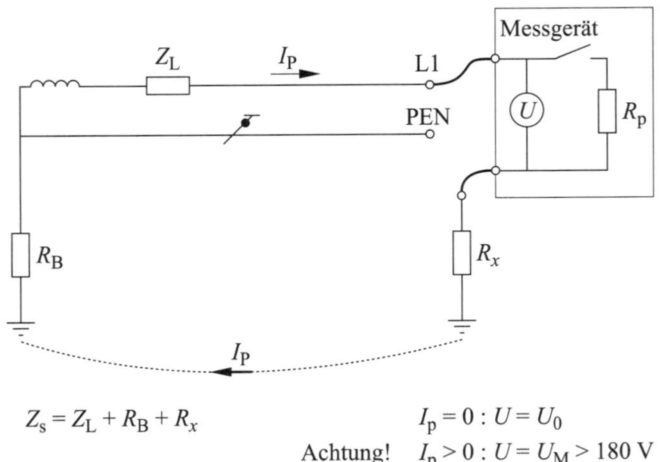

$Z_s = Z_L + R_B + R_x$

$I_p = 0 : U = U_0$

Achtung! $I_p > 0 : U = U_M > 180$ V

Bild 10.10 Messen der Schleifenimpedanz zwischen Außenleiter und Erde (Erdschleife)

Da der Erdungswiderstand aller Netzerder üblicherweise den Wert 2 Ω nicht überschreitet und die Außenleiterimpedanz höchstens einige zehntel Ohm beträgt, ist die Vergrößerung des Messwerts gegenüber dem tatsächlichen Wert in aller Regel akzeptabel, wenn es einmal erforderlich werden sollte, den Erdungswiderstand in einer Niederspannungsverbraucheranlage zu messen. Der Messfehler liegt in jedem Fall auf der sicheren Seite.

Erdschleifenimpedanz

Bei Messung der Erdschleifenimpedanz ist wie bei Anwendung der Strom-Spannungs-Methode die mögliche Anhebung des Neutralleiterpotentials auf zu hohe Werte zu beachten. Deshalb sollte der gemessene Spannungsfall am Prüfwiderstand R_P etwa 180 V nicht unterschreiten, wenn keine automatische Impulsmessung angewendet wird.

Zur Bestimmung des Erderwiderstands sind im informativen Anhang C der DIN VDE 0100-600:2017-06 drei Messverfahren aufgeführt:

- Verfahren C1 (mit Erdungswiderstandmessgerät),
- Verfahren C2 (mit Fehlerschleifenimpedanzmessgerät),
- Verfahren C3 (mit Stromzange) angegeben.

11 Prüfung der Spannungspolarität

Die Prüfung der Polarität bezieht sich nicht nur auf die Anschlüsse der Außenleiter L+/L– bei einer Gleichstromversorgung, sondern auch auf die richtige Zuordnung von Schutzleitern, Neutralleitern und den einzelnen Außenleitern.

Auch ist zu prüfen, ob z. B. bestimmte Leiter unzulässigerweise einzeln geschaltet werden.

Wo es gefordert ist

Die Einschränkung in der Norm mit dieser Aussage sollte besser heißen: Wo es wichtig oder von Bedeutung ist. Eigentlich sollte in DIN VDE 0100-600 festgelegt sein, welche Prüfungen nach der Errichtung einer elektrischen Anlage entsprechend der Normenreihe DIN VDE 0100 notwendig sind.

Erforderlich wird eine Prüfung, wenn ein Vertauschen von Leitungen in den Stromversorgungen bei der Einspeisung, in der Verteilung oder an den Anschlussstellen (z. B. Steckdosen oder Steckverbinder) für extern angeschlossenen elektrischen Betriebsmitteln zu einer Gefahr, einem Fehler oder einem Schaden führt.

Schalten des N-Leiters

Entsprechend DIN VDE 0100-530:2018-06, Abschnitt 530.4.3 [26] darf der N-Leiter nicht ohne seinen zugehörigen Außenleitern geschaltet werden. Wird der N-Leiter gemeinsam mit seinem Außenleiter geschaltet, muss er (praktisch) gleichzeitig mit seinen Außenleitern geschaltet werden. Von Vorteil ist, wenn das Schaltgerät beim Einschalten den N-Leiterkontakt vor den Außenleiterkontakten schließt und beim Öffnen den Außenleiterkontakten zuletzt öffnet.

Auch bei Beleuchtungseinrichtungen muss der „Lichtschalter" den Außenleiter schalten. Dies ist zu prüfen.

Einpolige Steuer- und Schutzeinrichtungen

Es ist zu überprüfen, dass bei einpoligen Steuer- und Schutzeinrichtungen (Sicherungen, Leitungsschutzschalter, Schalter) tatsächlich der Außenleiter schaltet/geschützt wird.

Lampenfassungen

Sind Lampen mit einer Edison-Fassung oder einer Bajonettfassung fest mit der elektrischen Anlage verbunden, sollte bei der Erstprüfung überprüft werden, ob der N-Leiter an der berührbaren Schraubfassung angeschlossen ist.

Anschlüsse an Steckdosen und ähnlichen Betriebsmitteln

Der Anschluss der Leitungen an Steckdosen und anderen ähnlichen Betriebsmitteln, wie Herdanschlussklemmen, sollten einer Sichtprüfung unterzogen werden. Wenn bei der Sichtprüfung Zweifel an der Festigkeit des Anschlusses bestehen, sind solche Anschluss durch Anfassen auf festen Anschluss zu kontrollieren.

12 Schutz durch automatische Abschaltung

12.1 Fehlerschleifenimpedanzmessung

Mit „Fehlerschleifenimpedanzmessung“ wird das Messen aller elektrischen Widerstände in einer „Netzschleife“ beschrieben.

Im Falle eines Kurzschlusses bestimmt die Fehlerschleifenimpedanz die Höhe des Kurzschlussstroms. Die Fehlerschleifenimpedanz Z_s ergibt sich aus der Summe aller betroffenen Impedanzen innerhalb der Netzzu- und Netzrückleitung, des Transformators und der elektrischen Anlage. Angewendet wird die Fehlerschleifenimpedanzmessung insbesondere bei der Prüfung der Schutzmaßnahme „Schutz durch automatische Abschaltung mithilfe von Überstromschutzeinrichtungen“. Der Kurzschlussstrom I_k am entferntesten Punkt des Netzes muss dabei mindestens den erforderlichen Abschaltstrom I_a der vorgeschalteten Überstromschutzeinrichtung erreichen, um eine Abschaltzeit zu erreichen, wie sie in DIN VDE 0100-410 festgelegt sind:

$$I_k \geq I_a$$

Rechnerisch kann der Kurzschlussstrom I_k nach folgender Formel ermittelt werden:

$$I_k = \frac{U_n}{Z_s}$$

Darin bedeuten:

I_k Kurzschlussstrom,

Z_s Schleifenimpedanz,

U_n Netzspannung (Nennspannung).

Da der Kurzschlussstrom, die Netzspannung und die Fehlerschleifenimpedanz nach dem ohmschen Gesetz miteinander verknüpft sind, kann mit der Fehlerschleifenimpedanzmessung der Kurzschlussstrom ermittelt werden.

Es ist zu beachten, dass mit einem handelsüblichen Widerstandsmessgerät in aller Regel die Impedanz – d. h. der komplexe Widerstand der Netzschleife – nicht erfasst wird, sondern lediglich der ohmsche Anteil der Fehlerschleifenimpedanz gemessen wird. Das heißt, der Phasenwinkel zwischen U_0 und U_M bleibt unberücksichtigt.

12.2 Messprinzip

Widerstände werden üblicherweise mit einem Ohmmeter gemessen; insofern ist die Fehlerschleifenimpedanzmessung eine indirekte Methode. Ohmmeter eignen sich deshalb nicht für die Messung der Fehlerschleifenimpedanz, weil sie ein „spannungsfreies" Netz erfordern. Es genügt aber nicht, nur einen einzelnen Netzabschnitt

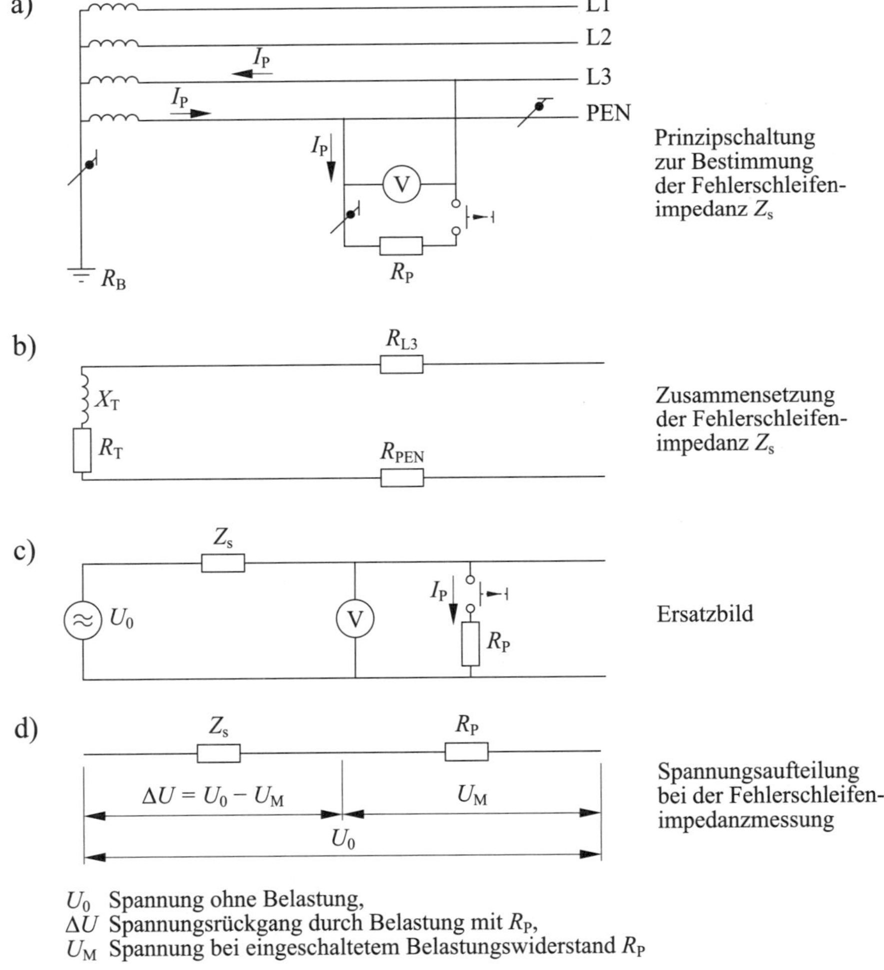

U_0 Spannung ohne Belastung,
ΔU Spannungsrückgang durch Belastung mit R_P,
U_M Spannung bei eingeschaltetem Belastungswiderstand R_P

Bild 12.1 Messen der Fehlerschleifenimpedanz

freizuschalten, da die Impedanz der gesamten Netzschleife gemessen werden muss, d. h. die Impedanz des Außen-, PEN- und PE-Leiters einschließlich des Transformators (**Bild 12.1 a) bis d)**).

Die Fehlerschleifenimpedanz Z_s oder damit gleichbedeutend der Kurzschlussstrom I_k wird bei manchen Messgeräten nicht unmittelbar angezeigt, sondern auf die Messung des Spannungsfalls ΔU an der Fehlerschleifenimpedanz Z_s zurückgeführt. Dieser Spannungsfall ergibt sich aus der Leerlaufspannung U_0 des Netzes am Messort und der Spannung U_M bei Belastung mit dem Prüfwiderstand R_P.

Die Fehlerschleifenimpedanz Z_s ergibt sich aus:

$$\Delta U = U_0 - U_M$$

$$\Delta U = Z_s \cdot I_P$$

$$I_P = \frac{U_0}{R_P + Z_s}$$

$$I_P \approx \frac{U_0}{R_P} \quad \text{für} \quad Z_s \ll R_P$$

$$\Delta U \approx Z_s \cdot \frac{U_0}{R_P}$$

$$Z_s \approx R_P \cdot \frac{\Delta U}{U_0}$$

Darin bedeuten:

Z_s Fehlerschleifenimpedanz,

U Spannungsfall an der Fehlerschleifenimpedanz,

I_P Prüfstrom,

U_M Spannungsfall am Prüfwiderstand R_P,

U_0 Leerlaufspannung am Messort,

R_P Prüfwiderstand.

Sinngemäß gleichwertig mit der Anzeige von Z_s ist der Wert I_a

$$I_a = \frac{U_0}{Z_s}$$

Vom Grundsatz her kann eine Fehlerschleifenimpedanzmessung mit einem Spannungsmesser und einem bekannten Prüfwiderstand R_P durchgeführt werden. Das erfordert jedoch

- eine relativ komplizierte Berechnung,
- das Beachten besonderer Sicherheitsaspekte,
- geeignete Belastungswiderstände und Spannungsmesser.

Aus diesen Gründen werden in der Praxis spezielle Fehlerschleifenimpedanzmessgeräte eingesetzt, siehe **Bild 12.2**.

Bild 12.2 Prüfgerät für die Messung von Fehlerschleifenimpedanzen und Netzimpedanzen (Quelle: Gossen Metrawatt)

Diese Messgeräte erfüllen ihre Messaufgabe umso besser,

- je einfacher die Bedienung und je weniger Rechenaufwand erforderlich ist,
- je weniger Gefahren während der Messung – auch bei fehlerhafter Anlage – in das Netz übertragen werden können,
- je genauer die Fehlerschleifenimpedanz und/oder der Kurzschlussstrom gemessen werden.

12.3 Messgeräte für die Fehlerschleifenimpedanzmessung

Die Anforderungen an Fehlerschleifenimpedanzmessgeräte, die vom Messgerätehersteller zu erfüllen sind, enthält DIN EN 61557-3 (**VDE 0413-3**). Der Käufer eines solchen Messgeräts sollte darauf achten, dass das Messgerät den Anforderungen dieser Norm entspricht, da derartige Messgeräte akzeptable und kalkulierbare Messergebnisse liefern. Die Elektrofachkraft, die solche Prüfungen durchführt, sollte die folgenden Anforderungen an das Messgerät – bezogen auf die Sicherheit während der Messung und Genauigkeit des Messergebnisses – kennen.

12.3.1 Sicherheit während des Messvorgangs

Es muss sichergestellt sein, dass durch die Messung – auch bei fehlerhafter Anlage – keine Gefahr für Personen, Nutztiere und Sachen ausgelöst wird. So muss beispielsweise sichergestellt sein, dass der PEN- oder PE-Leiter keine gefährliche Spannung annimmt. Durch das Messgerät muss sichergestellt werden, dass der Schutzleiter keine Spannung ≥ 50 V annimmt. Ein Messgerät entsprechend nach DIN EN 61557-3 (**VDE 0413-3**) verfügt hierfür über eine Abschaltautomatik.

Eine aus sicherheitstechnischer Sicht kritische Situation tritt bei einer Unterbrechung des Schutzleiters auf, wenn der Schutzleiter PE vor der Unterbrechung mit dem Körper von Betriebsmitteln der Schutzklasse I verbunden ist. Wird dieser Körper von einem Menschen berührt, so kann unter entsprechenden Umständen der Strom über den Körper des Menschen abgeleitet werden. Das gilt als ungefährlich, wenn der Strom einen Wert von 10 mA nicht übersteigt. Aus Sicherheitsgründen sollte die ohnehin erforderliche Prüfung der durchgehenden Verbindung des Schutzleiters vor der Fehlerschleifenimpedanzmessung durchgeführt werden.

12.3.2 Genauigkeit der Messung

Elektrotechnische Messungen sind üblicherweise nur mit kleinen Messfehlern behaftet. Die Messwerte für die Fehlerschleifenimpedanz oder den Kurzschlussstrom dürfen nach DIN EN 61557-3 (**VDE 0413-3**) jedoch eine maximale Betriebsmessabweichung von ± 30 % aufweisen. Speziell bei der Fehlerschleifenmessung kann der Messfehler diese Größenordnung annehmen, da die Differenz ΔU des belasteten und unbelasteten Netzes aus der Differenz von zwei größeren Spannungswerten ermittelt wird. Beispielhafte Fehlerbetrachtungen sollen den Sachverhalt verdeutlichen.

Den Einfluss der Genauigkeit der Spannungsmessung auf die Exaktheit der Messwertanzeige für die Fehlerschleifenimpedanz oder des Kurzschlussstroms lassen die folgenden Beispiele A und B unter Verwendung eines Messgeräts mit einem Prüfstrom von $I_P = 10$ A deutlich erkennen.

Beispiel A

tatsächliche Fehlerschleifenimpedanz $Z_s = 1\ \Omega$

tatsächliche Spannung des unbelasteten Netzes $U_0 = 230$ V

tatsächliche Spannung des Netzes bei Belastung mit $I_P = 10$ A $U_M = 220$ V

gemessene Spannung $U_0 = 231$ V (entspricht Messfehler von 1 V)

gemessene Spannung $U_M = 219$ V (entspricht Messfehler von 1 V)

Daraus folgt:

tatsächlicher Spannungsrückgang $\Delta U = 10$ V

gemessener Spannungsrückgang $\Delta U = 12$ V

Fehler für ΔU:

$$\frac{(12-10)\ \mathrm{V}}{10\ \mathrm{V}} = 0{,}2\text{; das entspricht einem Fehler von 20 \%.}$$

Nach der Beziehung $Z_s = \Delta U / I_P$ beträgt der Fehler des Werts für die Fehlerschleifenimpedanz aufgrund der Messfehler bei der Spannungsmessung ebenfalls 20 %. Dieser Messfehler von 20 % erfordert bei der Spannungsmessung aber schon eine maximale Fehlerdifferenz von ± 1 V oder $\pm 0{,}5$ % bei getrennter Erfassung der Spannungswerte.

Beispiel B

tatsächliche Fehlerschleifenimpedanz $Z_s = 0{,}5\ \Omega$

tatsächliche Spannung des unbelasteten Netzes $U_0 = 225$ V

tatsächliche Spannung des Netzes bei Belastung mit $I_P = 10$ A $U_M = 220$ V

gemessene Spannung $U_0 = 226$ V (entspricht Messfehler von 1 V)

gemessene Spannung $U_M = 219$ V (entspricht Messfehler von 1 V)

Daraus folgt:

tatsächlicher Spannungsrückgang $\Delta U = 5$ V

gemessener Spannungsrückgang $\Delta U = 7$ V

Fehler für ΔU:

$$\frac{(7-5)\ \mathrm{V}}{5\ \mathrm{V}} = 0{,}4\text{; das entspricht einem Fehler von 40 \%.}$$

Obwohl in dem vorausgegangenen Beispiel ausschließlich der Fehlereinfluss durch die Spannungsmessung berücksichtigt wurde, liegt der Messfehler schon bei 40 %. Ein Fehler dieser Größenordnung ist nach DIN EN 61557-3 (**VDE 0413-3**) nicht zulässig.

Beispielhaft aufgeführte Fehler

Die beispielhaft aufgeführten Fehler bei der Spannungsmessung treten in der Praxis in dieser Form nicht auf; sie sollen lediglich die Tendenz der Messfehlerproblematik veranschaulichen. Bei analog anzeigenden Messgeräten können derartige Fehler nur bei einer fehlerhaften Ablesung und bei digitalen Messgeräten evtl. bei einer zu groben Auflösung auftreten.

Schlussfolgerungen

Die Beispiele A und B führen zu folgendem Schluss:

Sie unterscheiden sich im Wesentlichen nur durch die angenommenen (tatsächlichen) Fehlerschleifenimpedanzen Z_s und den sich ergebenden Fehlern für ΔU, Z_s oder I_k. Je kleiner Z_s, umso größer ist der Messfehler.

Die Beziehung $I_k = U_0 / Z_s$ führt im Beispiel A zu einem Kurzschlussstrom von 230 A und im Beispiel B zu einem Kurzschlussstrom von 460 A. Das heißt, die Fehler bei der Spannungsmessung verhalten sich proportional zur Höhe des tatsächlichen Kurzschlussstroms. Weitere Fehler können aus Netzspannungsschwankungen sowie Induktivitäten und Kapazitäten des Netzes resultieren; hierauf wird in den noch folgenden Abschnitten eingegangen.

Unbelastete Netze

Die zulässige Grenze des Messwerts von ±30 % nach DIN EN 61557-3 (**VDE 0413-3**) gilt nur für ein unbelastetes Netz und einem $\cos\varphi$-Wert der Fehlerschleifenimpedanz von ≤ 0,95, d. h. des ohmschen Anteils im Verhältnis zum Scheinwiderstand. Da diese Voraussetzungen nicht immer gegeben sind, z. B. bei größeren induktiven oder kapazitiven Belastungen, kann die Fehlertoleranz den nach DIN EN 61557-3 (**VDE 0413-3**) vorgegebenen Wert von ±30 % auch überschreiten. Dies kann insbesondere bei niederohmigen Freileitungsnetzen mit hoher Transformatorleistung der Fall sein, bei denen die induktive Blindkomponente von Leitung und Transformator sehr hoch sein kann. In diesem Fall wird eine zu kleine Fehlerschleifenimpedanz bzw. ein zu hoher Kurzschlussstrom vorgetäuscht.

Netzen mit niedrigem Innenwiderstand

Bei sehr kleinen Fehlerschleifenwiderständen (unter 0,5 Ω) können deutlich größere Messfehler als 30 % auftreten. Bei Netzen mit sehr niedrigen Innenwiderständen ist die Spannungsdifferenz vor und während der Belastung sehr klein. Werden Fehlerschleifenimpedanzwerte von 0,1 Ω oder 0,2 Ω gemessen, liegt dieser Wert innerhalb der Messtoleranz im unteren Messbereich der normalen Geräte, sodass man allenfalls noch sagen kann, dass der Messfehler sehr niedrig ist. Ein genauer Wert lässt sich dann nicht mehr angeben. Werden dennoch genaue Werte benötigt, z. B. bei Messungen in Versorgungsnetzen mit entsprechend hohen Kurzschlussströmen, müssen hierfür aufwendigere Messgeräte verwendet werden, oder die Fehlerschleifenimpedanz muss berechnet werden.

Netzschwankungen

Da die Spannungsmessung mit und ohne Belastung nacheinander erfolgt, dürfen während dieser Zeit keine Schwankungen der Netzspannung durch Ausgleichsvorgänge oder transiente Vorgänge im Netz auftreten, da dies in der Spannungsdifferenz mit eingehen würde, wenn die Messung über eine oder einige wenige Halbschwingungen erfolgt. Durch elektrische Betriebsmittel mit Bausteinen der Leistungselektronik können Oberschwingungen und momentane Spannungseinbrüche oder -erhöhungen solche kurzzeitigen Messungen ebenfalls beeinflussen. Wenn solche Beeinflussungen zu erwarten sind, sollten zur Sicherheit mehrere Messungen in kurzem Zeitabstand durchgeführt werden. Durch Mehrfachmessung mit Integration der Spannungsdifferenzen sind die heutigen Messgeräte vielfach in der Lage, die netzseitigen Einflüsse weitgehend automatisch zu kompensieren.

Messfehler bei Spannungserfassung

Wie die vorausgegangenen Ausführungen zeigen, kann der Fehler bei der Spannungserfassung einen sehr wesentlichen Messfehler verursachen. Aus dem linearen Zusammenhang zwischen diesem Messfehler und der Höhe des tatsächlichen Kurzschlussstroms folgt, dass jedes Messgerät einen bestimmten Messbereich hat, in dem die zulässige Fehlergrenze eingehalten wird, wobei die Qualität des Messgeräts natürlich eine sehr wesentliche Rolle spielt. Anders ausgedrückt: Die Qualität eines Fehlerschleifenimpedanzmessgeräts ist umso besser, je höher der erfassbare Kurzschlussstrom unter Einhaltung der zulässigen Fehlergrenze von ±30 % ist.

Herstellerangaben erforderlich

Die Forderung nach einer maximalen Messfehlertoleranz von ±30 % verpflichtet den Gerätehersteller zu entsprechenden Angaben, entweder in der Bedienungsanleitung oder auf dem Gerät. Aus den vorausgegangenen Beispielen ist abzuleiten, dass sich der tatsächliche Messfehler näherungsweise proportional zur Höhe des tatsächlichen Kurzschlussstroms verhält, wobei die obere Grenze durch den „±30 %-Wert" bestimmt wird.

Beispiel

Zulässiger Messbereich nach Angaben des Messgeräteherstellers $I_k \leq 1\,000$ A. Wie hoch ist der Messfehler bei $I_k = 500$ A?

$1\,000\ \text{A} \mathrel{\hat{=}} \pm 30\ \%$

$$\frac{500\ \text{A}}{1\,000\ \text{A}} \cdot (\pm 30\ \%) = \pm 15\ \%$$

Abschätzen des Messfehlers

Das Abschätzen des tatsächlichen Messfehlers bei bestimmten Messwerten ermöglicht relativ genaue Aussagen über den realen Kurzschlussstrom, d. h. es muss nicht pauschal mit der ±30 %-Fehlergrenze gerechnet werden. In der Praxis ist der gemessene Kurzschlussstrom I_k häufig wesentlich größer als der nach DIN VDE 0100-600 geforderte Abschaltstrom I_a der vorgeschalteten Überstromschutzeinrichtung. In diesen Fällen sind die Messfehler unbedeutend. Liegt jedoch der gemessene Kurzschlussstrom I_k in der Nähe des erforderlichen Abschaltstroms, ist der Messwert unter Berücksichtigung des Messfehlers kritisch zu beurteilen.

Leitertemperatur im Fehlerfall

Ein weiterer Fehler bei der Fehlerschleifenimpedanzmessung entsteht dadurch, dass üblicherweise bei Temperaturen von etwa 20 °C gemessen wird, im laufenden Betrieb und speziell im Kurzschlussfall aber von deutlich höheren Temperaturen auszugehen ist.

In Abschnitt 6.4.3.7.3 Anmerkung 5 der DIN VDE 0100-600:2017-06 wird deshalb auf die Notwendigkeit einer Umrechnung der gemessenen Fehlerschleifenimpedanzen auf eine Leitertemperatur von 80 °C hingewiesen.

Anhang A der VDE 0100-600:2017-06 enthält die spezifischen Leiterwiderstandswerte bei 30 °C. Eine Umrechnung auf eine Temperaturerhöhung von 80 °C kann mit folgender Formel vorgenommen werden:

$$R_{\Theta} = R_{30\,°\text{C}} \left[1 + \alpha \left(\Theta - 30\ °\text{C}\right)\right]$$

α Temperaturkoeffizient (Kupfer: $\alpha = 0{,}003\,93\ \text{K}^{-1}$)

Einer Erhöhung der Fehlerschleifenimpedanz bei 80 °C entspricht ungefähr dem 1,24-fachen Wert der Fehlerschleifenimpedanz bei 30 °C.

12.4 Arten von Fehlerschleifenmessgeräten

Die am Markt angebotenen Fehlerschleifenmessgeräte lassen sich, bezogen auf den Einsatz, in drei Gruppen unterteilen:

a) Messgeräte für Steckdosenstromkreise,
b) Messgeräte für die übliche Elektroinstallation in Haushalt, Gewerbe und kleinen Industriebetrieben,
c) Messgeräte für das Verteilnetz, Kraftwerke sowie große Industriebetriebe.

Diese Einteilung resultiert aus der Höhe der erfassbaren Kurzschlussströme. Bei Messgeräten für Steckdosenstromkreise (meist Leitungsschutzschalter der Charakteristik B oder C mit einem Nennstrom von 16 A) genügt ein Messbereich bis etwa 100 A.

Die am häufigsten am Markt angebotenen Fehlerschleifenmessgeräte ermöglichen Messungen für Kurzschlussströme zwischen 500 A und 1 000 A, d. h., sie reichen für die übliche Elektroinstallation in Haushalt, Gewerbe und auch kleinen Industriebetrieben aus.

Kurzschlussströme ermitteln

Fehlerschleifenimpedanzmessgeräte, die Impedanzen für Kurzschlussströme von wesentlich mehr als 1 000 A erfassen, sind, bezogen auf die Technik, aber auch auf den Preis relativ aufwendig. In aller Regel werden sie nur in Verteilnetzen, Kraftwerken und Industriebetrieben mit hohen elektrischen Anschlussleistungen eingesetzt. Im Zusammenhang mit dem erhöhten Aufwand sei der Hinweis gegeben, dass es nach DIN VDE 0100-600 auch zulässig ist, statt zu messen, die Fehlerschleifenimpedanz und damit den Kurzschlussstrom rechnerisch zu ermitteln.

Fehlerschleifenimpedanzmessgeräte bestehen oft aus einem oder mehreren Belastungswiderständen, einer Spannungserfassung und gegebenenfalls einer elektronischen Schaltung. Solche Messgeräte können die Netzspannung, den Spannungsrückgang ΔU, den Kurzschlussstrom I_k und/oder die Fehlerschleifenimpedanz Z_s anzeigen.

Eine der ältesten Messschaltung besteht aus der Kombination von mehreren Prüfwiderständen R_P mit einem Spannungsmesser. Die Prüfwiderstände R_P haben Werte von 22 Ω, 220 Ω, 2 200 Ω und 22 000 Ω, sodass die Netzschleife bei einer Spannung von 220 V (inzwischen 230 V) mit einem Prüfstrom I_P von 10 A, 1 A, 100 mA und 10 mA belastet wird (**Bild 12.3**). Der Spannungsmesser ist, um auch kleine Spannungsrückgänge gut erkennbar zu machen, als „Voltlupe" umschaltbar, d. h., die Messskala zeigt nach Umschaltung z. B. den Spannungsbereich 200 V bis 240 V gespreizt an.

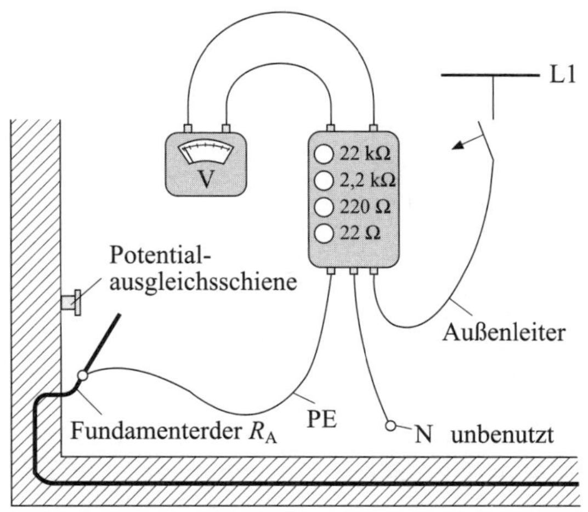

Ausreichend genau ergibt sich die Beziehung:

$R_P = 22\,000\ \Omega, \quad R_A \approx 100\ \Delta U,$

$R_P = 2\,200\ \Omega, \quad R_A \approx 10\ \Delta U,$

$R_P = 220\ \Omega, \quad R_A \approx \Delta U,$

$R_P = 22\ \Omega, \quad R_A \approx 0{,}1\ \Delta U$

Bild 12.3 Älteres Messprinzip zur Messung der Erdschleife

Näherungsweise werden in der Gleichung

$$Z_s = \frac{\Delta U}{I_P}$$

die Werte für I_P mit 0,01 A, 0,1 A, 1 A oder 10 A angesetzt.

Die exakte Gleichung

$$Z_s = \frac{\Delta U \cdot R_P}{U_0 - \Delta U} = \frac{\Delta U \cdot R_p}{U_M}$$

führt jedoch zu geringfügig anderen Werten.

Um vergleichen zu können, sind im **Bild 12.4** die Gleichungen und die daraus resultierenden Werte für die 22-Ω-Prüftaste gegenübergestellt. Es wird deutlich, dass erst ab einem Spannungsrückgang $\Delta U > 20$ V die Überschlagsgleichung zu praktisch erkennbaren Fehlern führt.

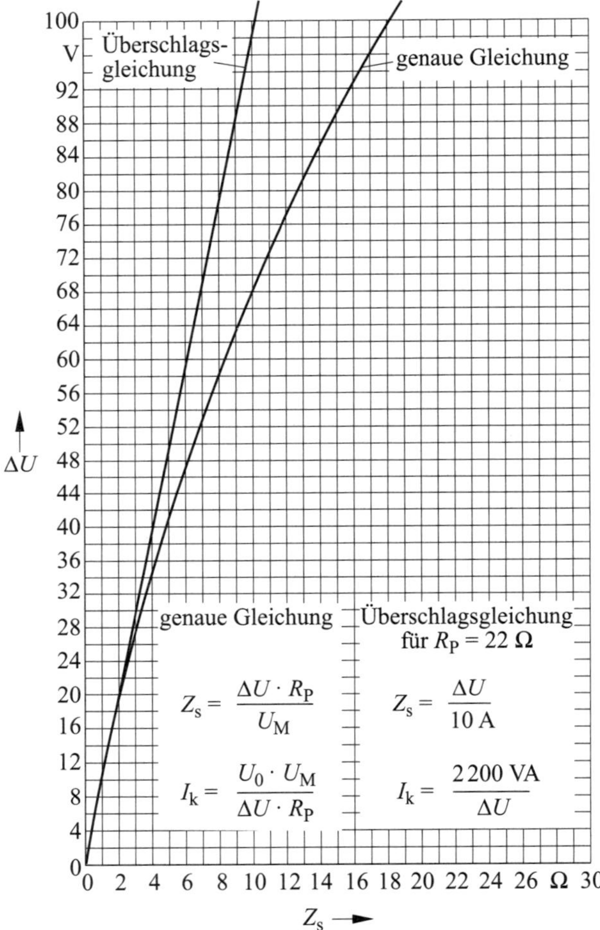

Bild 12.4 Gegenüberstellung von Näherungsformeln mit genauen Formeln

Voltlupenskala

Bei weiterentwickelten Geräten wurde die „Voltlupenskala" direkt in Werte für die Schleifenimpedanz und/oder den Kurzschlussstrom geeicht. Hierdurch entfiel die zunächst erforderliche Rechnung. Bei Geräten dieser Art musste zu Beginn des Messvorgangs der Zeiger des Spannungsmessers bei unbelastetem Netz auf „Endausschlag" bzw. Spannungsrückgang $\Delta U = 0$ V geeicht werden. Der „Einsteller" wurde als „Eichregler" bezeichnet.

Automatische Abschaltung

Heutige Messgeräte mit Digitalanzeige zeigen je nach Einstellung den möglichen Kurzschlussstrom oder die Fehlerschleifenimpedanz an, wobei der Messwert für eine gewisse Zeit gespeichert werden kann. Diese Messgeräte verfügen über einen Prüfwiderstand, der die Netzschleife nur kurzzeitig belastet. Die Spannungserfassung ermittelt die Spannungsdifferenz bei ein- und ausgeschaltetem Prüfwiderstand. In der Regel verfügen derartige Messgeräte über eine Abschaltautomatik. Das heißt, der Prüfwiderstand wird nach 0,2 s automatisch abgeschaltet, wenn die Spannung am Schutzleiter 50 V übersteigt

Anschluss über Schutzkontaktstecker

Der Anschluss vieler Fehlerschleifenimpedanzmessgeräte erfolgt über einen Schutzkontaktstecker. Da das Schutzkontaktsteckersystem keine festgelegte Polarität zwischen Außenleiter L und Neutralleiter N kennt, die Fehlerschleifenmessung aber eine definierte Polarität erfordert, bieten die Geräte in aller Regel die drei im Folgenden aufgeführten Möglichkeiten, um die notwendige Polarität sicherzustellen:

- eine optische Anzeige lässt erkennen, ob der Stecker richtig eingesteckt ist,
- eine optische Anzeige lässt erkennen, ob ein im Messgerät integrierter Schalter umgeschaltet werden muss,
- das Messgerät verfügt über eine automatische Umschaltung bei nicht richtiger Polarität.

Umschalter für Neutralleiter

Die nach DIN VDE 0100-600 erforderlichen Fehlerschleifenmessungen zum Nachweis der Abschaltzeit für den „Schutzes durch automatische Abschaltung im TN-System“ beziehen sich auf die Fehlerschleife: Außenleiter L und Schutzleiter PE/PEN. Einige Schleifenimpedanzmessgeräte mit Schutzkontaktsteckeranschluss verfügen über einen Umschalter, der das Messen der Fehlerschleifenimpedanz zwischen Neutralleiter N und Schutzleiter PE ermöglicht.

Berechnen statt messen

Sollte es bei möglichen hohen Kurzschlussströmen (z. B. $\leq$ 1 000 A) nicht möglich sein die Fehlerschleifenimpedanz zu messen, bleibt als Ausweg, statt der Messung eine Rechnung durchzuführen. Mithilfe der Leitungslängen und Leiterquerschnitte kann die Fehlerschleifenimpedanz unter Berücksichtigung der Impedanz der Sekundärseite des speisenden Transformators berechnet werden.

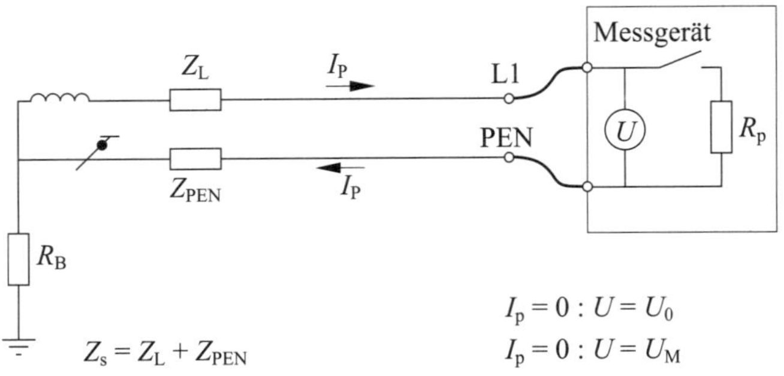

Bild 12.5 Messen der Fehlerschleifenimpedanz zwischen Außen- und PEN- bzw. Schutzleiter im TN-System

Die Fehlerschleifenimpedanz Z_s oder der damit im Zusammenhang stehende Kurzschlussstrom I_k wird bei vielen Messgeräten nicht unmittelbar angezeigt, sondern auf die Messung des Spannungsfalls ΔU an der Schleifenimpedanz Z_s zurückgeführt (**Bild 12.5**). Dieser Spannungsfall ergibt sich aus der Leerlaufspannung U_0 des Netzes am Messort und der Spannung U_M bei Belastung mit dem Prüfwiderstand R_P. Es gelten folgende Beziehungen:

$$\Delta U = U_0 - U_M$$

$$\Delta U = Z_s \cdot I_P$$

$$I_P = \frac{U_0}{R_P + Z_s}$$

$$I_P \approx \frac{U_0}{R_P} \quad \text{für} \quad Z_s \ll R_P$$

$$\Delta U \approx Z_s \cdot \frac{U_0}{R_P}$$

$$Z_s \approx R_P \cdot \frac{\Delta U}{U_0}$$

Darin bedeuten:

ΔU gemessener Spannungsfall an der Fehlerschleifenimpedanz,

U_0 gemessene Leerlaufspannung des Netzes am Messort,

U_M gemessener Spannungsfall am Prüfwiderstand R_P,

Z_s Fehlerschleifenimpedanz,

I_P Prüfstrom,

R_P Prüfwiderstand.

Tabellen nutzen

Mit den gemessenen Werten von U_M und U_0 sowie mit der bekannten Größe von R_P lässt sich Z_s errechnen. Üblicherweise wird die Berechnung mithilfe von Tabellen vorgenommen, die häufig als Zubehör zu derartigen Messgeräten gehören. Gleichwertig mit der Angabe von Z_s ist die Benennung von I_a:

$$I_a = \frac{U_0}{Z_s}$$

Für den „Schutz durch automatische Abschaltung im TN-System“ ist die Fehlerschleifenimpedanz zwischen Außenleiter sowie Schutz- oder PEN-Leiter zu ermitteln.

Fehlerschleife Außenleiter – Neutralleiter

Wegen des kaum nennenswerten Mehraufwands erscheint es sinnvoll, auch die Fehlerschleifenimpedanz zwischen Außen- und Neutralleiter zu messen, um eine durchgehende Verbindung des Neutralleiters nachzuweisen.

Diese Messung ist jedoch im Hinblick auf den Fehlerschutz nicht erforderlich.

Überstromschutzeinrichtungen nur für Überlastschutz

Im TN-System mit Fehlerstrom-Schutzeinrichtungen (RCDs) für den zusätzlichen Fehlerschutz brauchen Überstromschutzeinrichtungen, die den Überlastschutz sicherstellen, die Abschaltzeiten nach DIN VDE 0100-410 nicht erfüllen.

Müssen Überstromschutzeinrichtungen auch den Schutz gegen elektrischen Schlag übernehmen, müssen im Kurzschlussfall die Mindestauslöseströme für die geforderte Abschaltzeit in der Fehlerschleife möglich sein.

Überstromwerte beim Schutz gegen elektrischen Schlag

Die notwendigen Grenzwerte für I_a und Z_s, bezogen auf Überstromschutzeinrichtungen, können der Tabelle NB.1 im Anhang NB der DIN VDE 0100-600:2017-06 entnommen werden.

Im Bereich der Hausinstallation ist die Messung für die Stromkreise hinter dem letzten Stromkreisverteiler auszuführen. Im Bereich der kleinen Leiterquerschnitte wäre die Besichtigung wegen der Vielzahl der Abzweige zu umfangreich.

12.5 Einfluss des Netzes auf die Fehlerschleifenimpedanzmessung

Die Gerätenorm für die Messgeräte, DIN EN 61557-3 (**VDE 0413-3**), lässt unter den in der Norm aufgeführten Bemessungsbedingungen

- Netz ohne Belastung,
- konstante Netzspannung beim Messvorgang,
- Temperaturbereich 0 °C bis 35 °C,
- Phasenwinkel des Netzes < 18°,
- sinusförmiger Strom,
- Schutzleiter fremdspannungs- und fehlerstromfrei

eine Betriebsmessabweichung von maximal ±30 % für die Messgeräte und das Messverfahren zu.

Wenn die gemessene Fehlerschleifenimpedanz im Grenzbereich liegt oder die Bemessungsbedingungen nicht eingehalten werden, können genauere Bewertungen notwendig sein. Durch den Anstieg der Leitertemperatur im Kurzschlussfall auf 80 °C erhöht sich z. B. der Fehlerschleifenwiderstand gegenüber dem bei 20 °C gemessenen Wert um den Faktor 1,24.

Die Impedanz des Netzes enthält ohmsche, induktive und kapazitive Widerständen von der Sekundärwicklung des Transformators und der Zuleitung zum Gebäude. Der komplexe Widerstand kann vom Fehlerschleifenimpedanzmessgerät, das üblicherweise zur Messung in elektrischen Anlagen verwendet wird, nicht exakt erfasst werden. Darüber hinaus werden Fehlerschleifenimpedanzmessungen in der Regel zu einem Zeitpunkt durchgeführt, in dem Teile der Netzschleife durch andere elektrischen Anlagen belastet werden. Hierdurch können die Messergebnisse verfälscht werden.

Folgende Einflüsse können während der Messung das Messergebnis verfälschen:

- Schwankung der Belastung und der Netzspannung,
- Unsymmetrische Last und Verzerrungen der Kurvenform der Netzspannung,
- Einschwingvorgänge und Frequenzschwankungen,
- Blindstromverbraucher vor der Messstelle,
- Übergangswiderstände bei der Messung,
- Widerstand der Messleitungen.

Keine Messung erforderlich

Normalerweise führt der Elektroinstallateur bei „Hausinstallationen" keine Netzimpedanzmessungen durch. Entsprechend VDE 0100-600:2017-06, Abschnitt 6.4.2.3 d) kann davon ausgegangen werden, dass die Netzimpedanz ausreichend niedrig ist, um den erforderlichen Kurzschlussstrom zu generieren, der erforderlich ist, damit die Überstromschutzeinrichtungen in der erforderlichen Zeit automatisch abschalten können. Die Abschaltzeit beträgt für Endstromkreise im TN-System bei einer Bemessungsspannung von U_0 = 230 V 0,4 s und für Verteilerstromkreise 5 s.

12.5.1 Induktivität des Netzes

Alle bisher aufgeführten Gleichungen berücksichtigen lediglich den ohmschen Widerstand der Leiterschleife. Diese Vereinfachung ist bei der Schleifenmessung im Bereich von Hausinstallationen von untergeordneter Bedeutung und daher zulässig. Je mehr aber die Schleifenimpedanz vom Transformator bestimmt wird, umso bedeutender wird der Einfluss insbesondere des induktiven Widerstands des Transformators.

Anhand eines Vektordiagramms soll der Prinzipfehler der üblichen Fehlerschleifenimpedanzmessgeräte erläutert werden (**Bild 12.6**). Mit dem Spannungsmesser wird der Betrag bzw. Wert der Spannung gemessen, nicht jedoch die Phasenlage der Spannung. Die gemessene Spannungsdifferenz ΔU wird als Differenz der Beträge des unbelasteten und des belasteten Netzes ermittelt. Wie aus dem Vektordiagramm zu ersehen, ist der Spannungsfall der Netzimpedanz größer als die Differenz der Spannungsbeträge.

Das Vektordiagramm gilt für das in Kapitel 12.9 dieses Buchs „Berechnen der Fehlerschleifenimpedanz" aufgeführte Beispiel. In diesem Beispiel ist der tatsächliche Spannungsfall in der Netzimpedanz um 20 % größer als der „Spannungsrückgang" bei einem Prüfstrom von I_P = 100 A. Wird zusätzlich der Winkel zwischen den Spannungen U_0 und U_M bestimmt und berücksichtigt, lässt sich der tatsächliche Spannungsfall der Netzimpedanz ermitteln. Bei einem 400-kVA-Transformator und einem Messort mit einem Kurzschlussstrom von 1 000 A beträgt der Fehler durch die Induktivität des Netzes nur etwa 0,5 %. Eine so geringe Abweichung ist im Bereich der Hausinstallation vernachlässigbar.

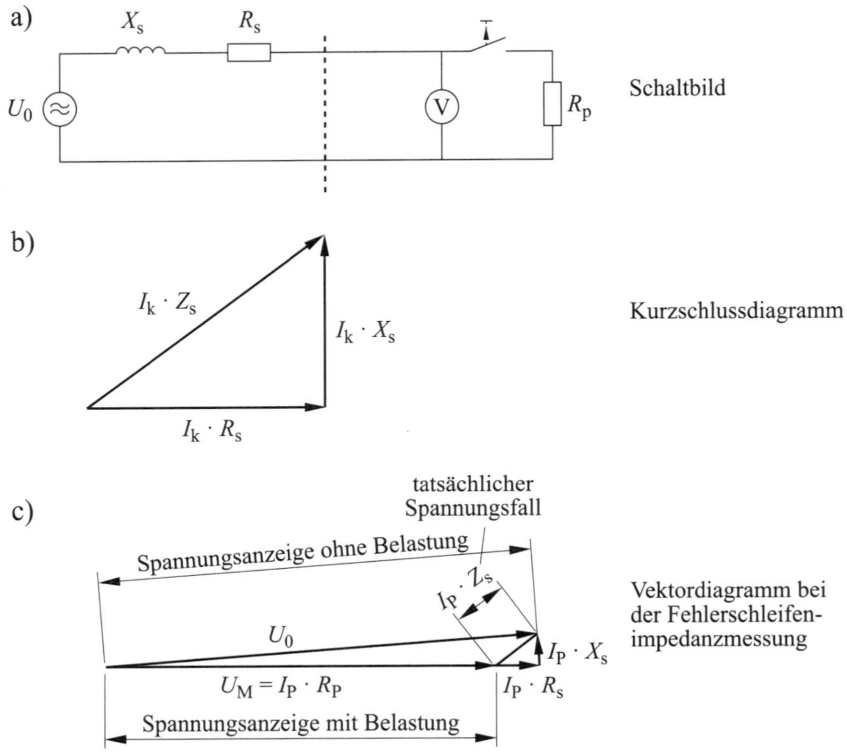

Bild 12.6 Einfluss des induktiven Anteils des Netzes auf die Fehlerschleifenimpedanz

12.5.2 Induktive oder kapazitive Ströme als Vorbelastung

Ein anderer Messfehler kann durch ein mit Blindlast vorbelastetes Netz auftreten. Der Spannungsfall der Netzimpedanz wird durch die Änderung des Prüfstroms bestimmt. Fließt während der Messung ein durch kapazitive oder induktive Verbraucher verursachter Strom, so erhöht sich der Gesamtstrom des Netzes nicht um den Betrag des Prüfstroms I_P; er ist geringer als dieser. Das heißt, es wird ein entsprechend geringerer Spannungsfall verursacht und gemessen.

Beispiel

Am Messort (**Bild 12.7**) fließt durch Vorbelastung ein Strom von 5 A (hier kapazitiv, jedoch gleich bei induktiver Belastung). Bei Einschalten des Prüfwiderstands R_P wird der Prüfstrom der Leitung nicht entsprechend dem Strom, der durch den Prüfwiderstand R_P verursacht wird, vergrößert.

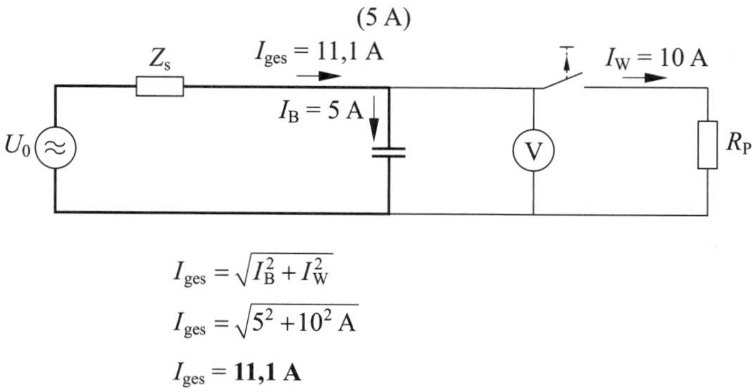

$$I_{ges} = \sqrt{I_B^2 + I_W^2}$$

$$I_{ges} = \sqrt{5^2 + 10^2 \text{ A}}$$

$$I_{ges} = \mathbf{11{,}1\ A}$$

Bild 12.7 Einfluss von kapazitiven (induktiven) Verbrauchern auf die Fehlerschleifenimpedanzmessung

Zur Erläuterung des Sachverhalts wird auf das Bild 12.3 zurückgegriffen: Bei Einschalten der „Prüftaste 22 Ω“ wird die Netzschleife mit 10 A Wirkstrom belastet, die sich geometrisch zu dem bereits fließenden Strom von 5 A kapazitiver Last addiert, was zu einem Gesamtstrom von 11,1 A führt. Der Strom in der Netzschleife ändert sich also von 5 A auf 11,1 A, d. h. um 6,1 A.

Das bedeutet, der Spannungsfall über die Fehlerschleifenimpedanz Z_s entspricht nur einer Stromerhöhung von 6,1 A statt 10 A und damit nur dem 0,61-fachen Spannungsfall gegenüber einer Stromerhöhung um 10 A. Diese Zusammenhänge machen deutlich, dass zum Zeitpunkt der Messung keine größeren Blindleistungsverbraucher in Nähe der Messstelle eingeschaltet sein sollten bzw. welchen Einfluss die Blindleistung auf das Messergebnis hat.

12.6 Anschluss von Fehlerschleifenwiderstandsmessgeräten

Da die Anschlussleitungen zwischen Messstelle und -gerät den Messwert der Fehlerschleifenimpedanz erhöhen, ist auch dieser Sachverhalt bei der Bewertung der Messergebnisse angemessen zu berücksichtigen. So können beispielsweise die als Zubehör mitgelieferten Anschlussleitungen einen Widerstand bis zu 0,5 Ω haben.

Betriebsanleitung beachten

Die Bedienungsanleitung muss darüber informieren, wenn dieser Widerstand beim Kalibrieren des Messgerätes bereits berücksichtigt wurde und der Prüfer das Messergebnis nicht mehr entsprechend zu bewerten hat. Während bei der Messung hoher Fehlerschleifenimpedanzen diese Verfälschung des Messwerts kaum von Bedeutung ist, kann sie sich in Anlagen mit geringen Fehlerschleifenimpedanzen und hohen

Kurzschlussströmen sehr erheblich auswirken und zu einem unrealistischen Messwert führen.

Messfehler

Eine – mehr theoretische – Möglichkeit, einen solchen Messfehler auszuschließen, kann dadurch sichergestellt werden, dass für die Anschlussleitungen entsprechend große Querschnitte gewählt werden. Vom Grundsatz her bleibt festzustellen: Durch den Einfluss der Anschlussleitungen wird eine zu große Fehlerschleifenimpedanz bzw. ein zu kleiner Kurzschlussstrom vorgetäuscht. Obwohl dieser Fehler aus sicherheitstechnischer Sicht auf der sicheren Seite liegt, kann er andererseits zu unwirtschaftlichen Dimensionierungen der Leitungen führen.

12.7 Messen von Erdungswiderständen mit einem Fehlerschleifenimpedanzmessgerät

Fehlerschleifenimpedanzmessgeräte können – in gewissen Grenzen – auch zum Messen von Erdungswiderständen verwendet werden. Es wird dann die sogenannte „Erdschleife" gemessen. Der Anteil der Netzimpedanz sollte in diesen Fällen wesentlich kleiner sein als der nachzuweisende Erdungswiderstand.

Am Fundamenterder

Beispiele für den Einsatz der Erdschleifenmessung sind Erdungswiderstandsmessungen an Fundamenterdern. Entsprechend dem Bild 10.10 erfasst der so gemessene Widerstand neben dem Erdungswiderstand auch den Widerstand des Außenleiters und des Betriebserders R_B. Der Gesamtwiderstand des Außenleiters und Betriebserders R_B kann beispielsweise etwa 1 Ω betragen. Dieser Wert müsste vom gemessenen Wert subtrahiert werden, um den exakten Widerstandswert des Erders zu erhalten. Da der tatsächliche Wert aber kaum exakt erfasst werden kann, geht diese Schätzung als Messfehler ein. Hinsichtlich der Messungen im Rahmen der Anforderungen nach DIN VDE 0100-600 liegt das Messergebnis aber immer auf der sicheren Seite.

Digitale Messgeräte

Digitale Fehlerschleifenimpedanzmessgeräte haben in aller Regel einen eingeschränkten Anzeigebereich, z. B. 19,99 Ω. Das bedeutet, dass mit diesen Messgeräten nur Erdungswiderstände innerhalb des angezeigten Bereichs gemessen werden können. Das ist besonders bei Messungen in Anlagen mit Fehlerstrom-Schutzeinrichtungen (RCDs) im TT-System zu berücksichtigen. Hier sind wesentlich größere Erdungswiderstände zulässig.

12.8 Fehlerschleifenmessungen entsprechend den Technischen Anschlussbedingungen (TAB)

Messungen von Fehlerschleifenimpedanzen sind nicht nur zum Funktionsnachweis der Schutzmaßnahmen durch automatische Abschaltung mit Überstromschutzeinrichtungen nach DIN VDE 0100-410 erforderlich, sondern unter Umständen auch zur Beurteilung der Anschlussmöglichkeiten leistungsstarker Verbraucher. So sind beispielsweise Netzrückwirkungen durch bestimmte Geräte abhängig von der Fehlerschleifenimpedanz an der Netzanschlussstelle möglich.

Die Erlaubnis für den Anschluss z. B. von Durchlauferhitzern oder unterschiedliche Anlassbedingungen von Motoren werden sehr oft auf der Basis der Werte für die Fehlerschleifenimpedanz an der Netzanschlussstelle getroffen.

Netzanschlussstelle

Hierdurch werden benachbarte Anlagen vor störenden Spannungsschwankungen im öffentlichen Versorgungsnetz geschützt. Die Netzanschlussstelle ist der Hausanschluss; hier werden üblicherweise Fehlerschleifenimpedanzen im Bereich von 0,04 Ω bis 0,4 Ω bzw. Kurzschlussströme bis etwa 6 kA gemessen. Liegt die Netzanschlussstelle in unmittelbarer Nähe des Transformators, sind die zu erwartenden Kurzschlussströme wesentlich höher.

12.9 Berechnen der Fehlerschleifenimpedanz

Nach DIN VDE 0100-600 kann die erforderliche Fehlerschleifenimpedanz durch Messung aber auch durch Rechnung nachgewiesen werden. Das heißt, die prüfende Elektrofachkraft kann wählen, welche Methode sie im Einzelfall die konkreteren Ergebnisse liefert. Im Bereich der Anlagen in Haushalt und Gewerbe wird die Messung in aller Regel die schnellere und einfachere Prüfmethode sein. Anders ist es in öffentlichen Versorgungsnetzen oder auch bei besonders leistungsstarken Verbrauchern in der Industrie. Hier kann die Rechnung unter Umständen von Vorteil sein. Sind ausführliche Kabelpläne vorhanden, ist die Rechnung in aller Regel einfacher durchzuführen.

Technische Daten des Transformators

Voraussetzung für die Berechnung der Fehlerschleifenimpedanz ist die Kenntnis der ohmschen und induktiven Widerstände von Transformatoren (**Tabelle 12.1**), Leitungen und Kabeln. Die einschlägige Fachliteratur bietet hierzu entsprechende Tabellenwerke.

Transformator-Nennleistung in kVA	I_A in A	Z_s in Ω	R_T in Ω	X_T in Ω
100	3400	0,064	0,028	0,0575
160	5500	0,040	0,015	0,0371
250	8600	0,0256	0,0083	0,0242
400	13700	0,0160	0,0046	0,0153
630	21600	0,0102	0,0026	0,00986

Tabelle 12.1 Daten der gebräuchlichen Transformatoren in öffentlichen Versorgungsnetzen (zwischen einer Außenleiterklemme und der PEN-Leiterklemme)

Der Kurzschlussstrom errechnet sich nach folgender Formel:

$$I_k = \frac{0,95 \cdot U_0}{Z_s}$$

Der Faktor 0,95 berücksichtigt die Übergangswiderstände an den Klemmen.

Im Folgenden sei der Rechengang beispielhaft erläutert.

Beispiel

Es sind die Fehlerschleifenimpedanz und der Kurzschlussstrom an folgendem Netzanschlusspunkt zu berechnen:

Gegeben: Kabel Cu 4 · 70 mm², 50 m Kabellänge, Transformator 400 kVA

Rechengang:

$$R_{\text{Trafo}} = 4,6\ \text{m}\Omega; \quad X_{\text{Trafo}} = 15,3\ \text{m}\Omega \quad \text{(siehe Tabelle 11.1)}$$

$$R_{\text{Kabel}} = (2 \cdot 50)\ \text{m} \cdot 0,271\ \frac{\text{m}\Omega}{\text{m}} = 27,1\ \text{m}\Omega$$

$$X_{\text{Kabel}} = (2 \cdot 50)\ \text{m} \cdot 0,082\ \frac{\text{m}\Omega}{\text{m}} = 8,2\ \text{m}\Omega$$

$$Z_s = \sqrt{\sum R_s^2 + \sum X_s^2}$$

$$= \sqrt{(4,6+27,1)^2 + (15,3+8,2)^2}\ \text{m}\Omega = \sqrt{31,7^2 + 23,5^2}\ \text{m}\Omega = \underline{\underline{39,46\ \text{m}\Omega}}$$

$$I_k = \frac{0,95 \cdot U_0}{Z_s} = \frac{0,95 \cdot 230}{39,46 \cdot 10^{-3}} = \underline{\underline{5\,518\ \text{A}}}$$

12.10 Fehlerspannung oder Berührungsspannung?

Die Berührungsspannung im Fehlerfall wird bei den Prüfungen in elektrischen Anlagen nicht gemessen. Stattdessen muss in Abhängigkeit des Systems nach Art der Erdverbindungen (TN, TT, IT) und der Bemessungsspannung eine Abschaltzeit im Fehlerfall sichergestellt werden. So müssen in einem TN-System im Fehlerfall bei einer Bemessungsspannung von 230 V durch die Schutzeinrichtungen folgende Abschaltzeiten gewährleistet werden:

Verteilerstromkreis: 5 s,

Endstromkreis: 0,4 s.

In einem TT-System müssen im Fehlerfall bei einer Bemessungsspannung von 230 V durch die Schutzeinrichtungen folgende Abschaltzeiten gewährleistet werden:

Verteilerstromkreis: 1 s,

Endstromkreis: 0,2 s.

Bei allen Prüfungen von Schutzgeräten, die zum Schutz gegen elektrischen Schlag eingesetzt sind, müssen die Abschaltzeiten ermittelt werden.

Können Berührungsspannungen auftreten, die nicht abgeschaltet werden können, wie z. B. zwischen unterschiedlichen Potentialen, muss eine Schutzpotentialausgleichsverbindung vorhanden sein, deren Verbindung eine Berührungsspannung von ≤ AC 50 V garantiert. Hier wird also auch nicht die Berührungsspannung, sondern der Widerstand der Schutzpotentialausgleichsverbindung gemessen.

Schutzpotentialausgleichverbindungen zwischen zwei leitfähigen Teilen müssen einen Mindestquerschnitt entsprechend DIN VDE 0100-540 von 4 mm^2 Cu aufweisen. Entsprechend Anhang A der DIN VDE 0100-600:2017-06 darf der gemessene Widerstand, in Abhängigkeit der Länge des Schutzleiters, nicht größer sein als 4,73 mΩ/m.

Fehlerstrom-Schutzeinrichtungen (RCDs) unterschreiten bauartbedingt die erforderlichen Abschaltzeiten im Fehlerfall. Bei der Prüfung durch Messen, wird deshalb schwerpunktmäßig die Auslösung des projektierten Differenzbemessungsstrom $I_{\Delta n}$ geprüft. Natürlich zeigen moderne Prüfgeräte auch die Auslösezeit und die mögliche Berührungsspannung U_T an, die sich bei dem ausgelösten Differenzbemessungsstrom einstellen würde.

Definition der Begriffe Fehlerspannung und Berührungsspannung

Bei der Verwendung der Bezeichnungen Fehlerspannung oder Berührungsspannung muss auf die Energie der Stromquelle geachtet werden. Die in der DIN EN 61140 (**VDE 0140-1**):2016-11 [48] neu definierten Begriffe enthalten jetzt die notwendigen Informationen.

Fehlerspannung U_F (Fault-Voltage)

Als Fehlerspannung wurde bisher eine Spannung bezeichnet, die zwischen zwei unterschiedlichen Potentialen ohne Berücksichtigung der Leistungsfähigkeit der elektrischen Stromquelle auftritt.

Tritt eine Fehlerspannung zwischen zwei Potentialen auf, bei der z. B. eine Kapazität als Energiequelle dient, kann bei Belastung durch den Fehlerstrom (I_F) die Spannung aufgrund des Innenwiderstands der Kapazität zusammenbrechen, wodurch eine kleinere Berührungsspannung auftritt.

Die Fehlerspannung wird deshalb entsprechend DIN EN 61140 (**VDE 0140-1**):2016-11 jetzt bezeichnet als:

unbeeinflusste Berührungsspannung

„Spannung zwischen leitfähigen Teilen, wenn diese gleichzeitig von einem Menschen oder einem Nutztier ***nicht*** *berührt werden."*

Bei der Fehlerbetrachtung über die Auswirkungen eines Fehlerstroms durch den menschlichen Körper wird somit die Fehlerspannung (unbeeinflusste Berührungsspannung) nicht in Betracht gezogen.

Berührungsspannung U_T (Touch-Voltage)

Als Berührungsspannung wird die Spannung bezeichnet, die im Fehlerfall unter Belastung des Fehlerstroms tatsächlich auftritt. Dabei spielt die Leistungsfähigkeit der Energiequelle eine wesentliche Rolle.

Erst durch eine belastete Energiequelle entsteht eine Berührungsspannung U_T (Touch-Voltage). Die Berührungsspannung wird deshalb entsprechend DIN EN 61140 (**VDE 0140-1**):2016-11 jetzt bezeichnet als:

wirksame Berührungsspannung

„Spannung zwischen leitfähigen Teilen, wenn diese gleichzeitig von einem Menschen oder einem Nutztier berührt werden."

Für die Fehlerbetrachtung und die Auswirkungen auf den menschlichen Körper im Fehlerfall ist also immer die wirksame Berührungsspannung maßgeblich.

13 Prüfungen von Fehlerstrom-Schutzeinrichtungen (RCDs)

13.1 Besichtigen von Fehlerstrom-Schutzeinrichtungen (RCDs)

Durch den vermehrten Einsatz von Fehlerstrom-Schutzeinrichtungen (RCDs) mit unterschiedlichen Schutzaufgaben müssen insbesondere beim Besichtigen die richtige Auswahl und der richtige Einbauort überprüft werden. Das folgende Kapitel dieses Buchs enthält deshalb detaillierte Aussagen über die Funktionen und die Schutzfunktionen von Fehlerstrom-Schutzeinrichtungen (RCDs).

Die erste Prüfung von Fehlerstrom-Schutzeinrichtungen erfolgt durch Besichtigen. Dabei wird überprüft, ob der richtige Typ mit dem richtigen Bemessungsdifferenzstrom $I_{\Delta n}$ am richtigen Einbauort verbaut wurde. Folgende Typen stehen zur Verfügung:

Typ A

Pulsstromsensitive Fehlerstrom-Schutzeinrichtung (RCD)

Dieser Typ funktioniert noch bis 6 mA Gleichfehlerstrom einwandfrei.

Typ B

Allstromsensitive Fehlerstrom-Schutzeinrichtung (RCD)

Dieser Typ funktioniert noch einwandfrei bei Fehlerströmen bis zu einer Frequenz von bis 1 kHz.

Ein Typ B besteht eigentlich aus zwei Fehlerstrom-Schutzeinrichtungen in einem Gehäuse, siehe **Bild 13.1**. Der eine ist ein spannungsunabhängiger Typ A. Die zweite Fehlerstrom-Schutzeinrichtung (RCD) ist ein elektronisch arbeitende, die darauf spezialisiert ist, Gleichfehlerströme zu detektieren. Um trotzdem auch hier eine größtmögliche Sicherheit zu haben, wird die Elektronik von allen Außenleitern versorgt. Der Auslösebereich des Typs B ist bis 1 kHz definiert, wobei der Auslösestrom bei 1 kHz kleiner $14 \cdot I_{\Delta n}$ sein muss.

Typ B+

Allstromsensitive Fehlerstrom-Schutzeinrichtung (RCD) kHz

Dieser Typ funktioniert noch einwandfrei bei Fehlerströmen bis zu einer Frequenz von 20 kHz. Deshalb sind solche Fehlerstrom-Schutzeinrichtungen zusätzlich mit dem Symbol kHz gekennzeichnet.

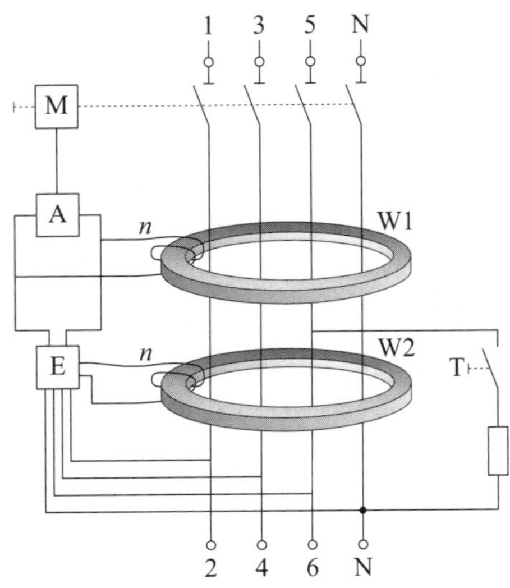

A Auslösekreis,
M Mechanik (Schaltschloss),
E Elektronik für die Auslösung bei Gleichfehlerströmen,
W1 Summenstromwandler für [≂],
W2 Summenstromwandler für [⎓],
n jeweilige Sekundärwicklung,
T Prüftaste mit Prüfwiderstand

Bild 13.1 Prinzipieller Aufbau einer Fehlerstrom-Schutzeinrichtung (RCD) Typ B

Der prinzipielle Aufbau ist derselbe wie beim Typ B. Wie das Zeichen [kHz] jedoch schon verrät, sind für den B+ die Auslösebedingungen für höhere Frequenzen bis 20 kHz definiert bei einem Auslösewert unterhalb von $14 \cdot I_{\Delta n}$.

Typ F

Kurzzeitverzögerte Fehlerstrom-Schutzeinrichtung (RCD) [≂] [▯▯▯]

Dieser Typ toleriert kurzzeitige (< 10 ms) überhöhte Fehlerströme in der Einschaltphase von elektronischen Betriebsmitteln mit Entstörkondensatoren die mit dem Schutzleiter verbunden sind.

Der Einsatz von Fehlerstrom-Schutzeinrichtungen (RCDs) vom Typ F eignet sich im Besonderen für den Einsatz bei Verbrauchern, die Fehlerströme im höheren Frequenzbereich erzeugen können. Dies könnte z. B. ein Frequenzumrichter sein, der den Motor einer Waschmaschine steuert.

In solchen Anwendungsfällen ist aus EMV-Gründen ein Filter erforderlich, der hauptsächlich aus Kapazitäten besteht, die gegen Erde geschaltet sind. Wird ein Verbraucher mit solch einem EMV-Filter eingeschaltet, werden die Kapazitäten aufgeladen. Es entsteht dadurch beim Einschalten ein hoher Ableitstrom. Ein RCD des Typs F ist für solche Einschaltableitströme für eine Höchstdauer von 10 ms geeignet.

Eine Forderung zum Einsatz des Typs F finden wir heute noch nicht in den Installationsregeln.

Der prinzipielle Aufbau entspricht dem eines Typ A, jedoch mit einem geänderten Auslösekreis und einem entsprechend an den zusätzlichen Anforderungen angepassten Summenstromwandler.

Die Anforderungen an den Typ F entsprechen den Eigenschaften des Typ A, ergänzt um folgende Punkte:

- AC-Auslösebedingungen für Frequenzgemische aus Anteilen von 10 Hz/50 Hz/1 000 Hz,
- Kurzzeitverzögerung (10 ms, bis $10 \cdot I_{\Delta n}$),
- Stoßstromfestigkeit ≥ 3 kA,
- Gleichfehlerströme bis 10 mA.

Typ S

Selektive Fehlerstrom-Schutzeinrichtung (RCD) S

Werden Fehlerstrom-Schutzeinrichtungen (RCDs) in Reihe geschaltet, muss die übergeordnete Fehlerstrom-Schutzeinrichtung (RCD) ein selektives Verhalten aufweisen, siehe **Bild 13.2**.

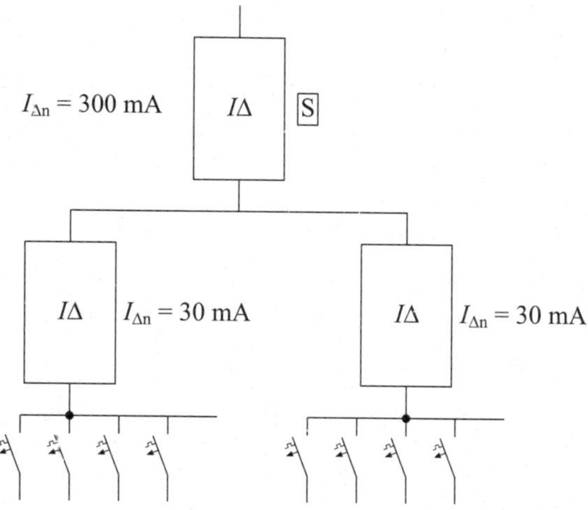

Bild 13.2 Beispiel einer Anordnung einer selektiven Fehlerstrom-Schutzeinrichtung (RCD) (Quelle: DIN EN 61008-1 Beiblatt 1 (**VDE 0664-10 Beiblatt 1**):2012-10, Bild 7 [49])

Typ AC

Fehlerstrom-Schutzeinrichtungen (RCDs) vom **Typ AC** ⏦ dürfen in Deutschland seit 1985 nicht mehr verwendet werden, da sie nur wechselstromsensitiv sind und bei Gleichfehlerstromanteilen ihre Schutzwirkung verlieren.

Einsatz bis –25 °C

Werden Fehlerstrom-Schutzeinrichtungen (RCDs) in einem Unterverteiler im Freien untergebracht, z. B. auf Baustellen, sollte geprüft werden, dass die Fehlerstrom-Schutzeinrichtungen (RCDs) das −25-Symbol tragen.

Kurzschlussfestigkeit

Schutzeinrichtungen im Stromkreisverteiler müssen entsprechend den Technischen Anschlussbedingungen (TAB) [28] einen Mindestkurzschlusswert von 6 000 A aufweisen. Handelsüblich haben Fehlerstrom-Schutzeinrichtungen (RCDs) eine Kurzschlussfestigkeit bis 10 000 A. Dies bedeutet, dass die Überstromschutzeinrichtung, z. B. eine NH-Sicherung einem Bemessungsstrom von maximal 100 A haben darf.

Dies wird in der Regel mit dem Symbol 100 A 10 000 auf der Fehlerstrom-Schutzeinrichtung (RCD) angegeben.

Netzspannungsunabhängigkeit der Fehlerstrom-Schutzeinrichtungen (RCDs)

Es ist zu prüfen, ob alle Fehlerstrom-Schutzeinrichtungen (RCDs) netzspannungsunabhängig funktionieren. Als „spannungsunabhängige Fehlerstrom-Schutzeinrichtung“ werden Fehlerstrom-Schutzeinrichtungen (RCDs) bezeichnet, die ihre Schutzfunktion ohne eine zusätzliche Hilfsstromversorgung erfüllen.

Diese sind in Deutschland vorgeschrieben mit der Ausnahme von ortsfesten Fehlerstrom-Schutzeinrichtungen (RCDs) in Steckdosenausführung zur Schutzpegelerhöhung (SRCD). Diese dürfen spannungsabhängig sein.

Netzspannungsabhängigkeit der Fehlerstrom-Schutzeinrichtungen (RCDs)

In bestimmten Ländern sind auch „spannungsabhängige Fehlerstrom-Schutzeinrichtungen“, jedoch nicht in Deutschland, zugelassen. Bei solchen Fehlerstrom-Schutzeinrichtungen (RCDs) erfolgt die Fehlererfassung zwar auch über einen Summenstromwandler, aber der Auslösekreis und die Auslösung erfolgt elektronisch. Dazu ist zusätzlich eine Hilfsstromversorgung für die eingebaute Elektronik erforderlich. Fällt diese aus, funktioniert die Schutzeinrichtung nicht mehr, während eine spannungsunabhängige Fehlerstrom-Schutzeinrichtung auch dann noch funktioniert, wenn nur ein Außenleiter Spannung führt. Solche Geräte verfügen über keine VDE-Zeichen.

Bemessungsdifferenzströme

Bei der Auswahl der Bemessungsdifferenzströme werden meistens nur zwei Auslösewerte verwendet, und zwar:

30 mA für Haushalte alle Endstromkreise,

300 mA als Brandschutzmaßnahme für feuergefährdete Betriebsstätten.

13.2 Erproben und Messung von Fehlerstrom-Schutzeinrichtungen (RCDs)

Die Erprobung und Messung von Fehlerstrom-Schutzeinrichtungen (RCDs) bezieht sich auf die Auslösewerte des Bemessungsdifferenzstroms $I_{\Delta n}$. Dabei muss bei der Messung der Auslösewerte gleich oder kleiner sein als der Bemessungsdifferenzstrom der Fehlerstrom-Schutzeinrichtung (RCD).

Abschaltzeit differenzstromabhängig

Eine Messung der Abschaltzeit ist sowohl wird bei Neuanlagen als auch nach Änderungen oder Erweiterungen vorzunehmen. Dabei muss die Abschaltzeit der vorhandenen Fehlerstrom-Schutzeinrichtungen (RCDs) gemessen werden.

Die Abschaltzeit von Fehlerstrom-Schutzeinrichtungen (RCDs) ist abhängig von der Höhe des Differenzstroms. Das Prüfgerät muss entsprechend der Höhe des Differenzstroms die Abschaltzeit zuordnen, um die Abschaltzeit zu bewerten zu können, siehe **Bild 13.3**.

Prüftaste

Die Betätigung der Prüftaste ist an jeder Fehlerstrom-Schutzeinrichtung (RCD) immer zusätzlich als Erprobung vorzunehmen. Wird z. B. eine dreiphasige Fehlerstrom-Schutzeinrichtung (RCD) nur einphasig verwendet, muss der Außenleiter an einer bestimmten Phase des Geräts angeschlossen werden, da sonst die Prüftaste nicht funktioniert, siehe **Bild 13.4**. Der interne Anschluss des Prüfstromkreises an einen Außenleiterstrompfad innerhalb der Fehlerstrom-Schutzeinrichtung (RCD) kann je nach Hersteller unterschiedlich sein. Vor Anschluss eines Einphasenstromkreises an eine dreiphasige Fehlerstrom-Schutzeinrichtung (RCD) ist deshalb immer zu prüfen, welcher Strompfad entsprechend den Herstellerangaben verwendet werden muss.

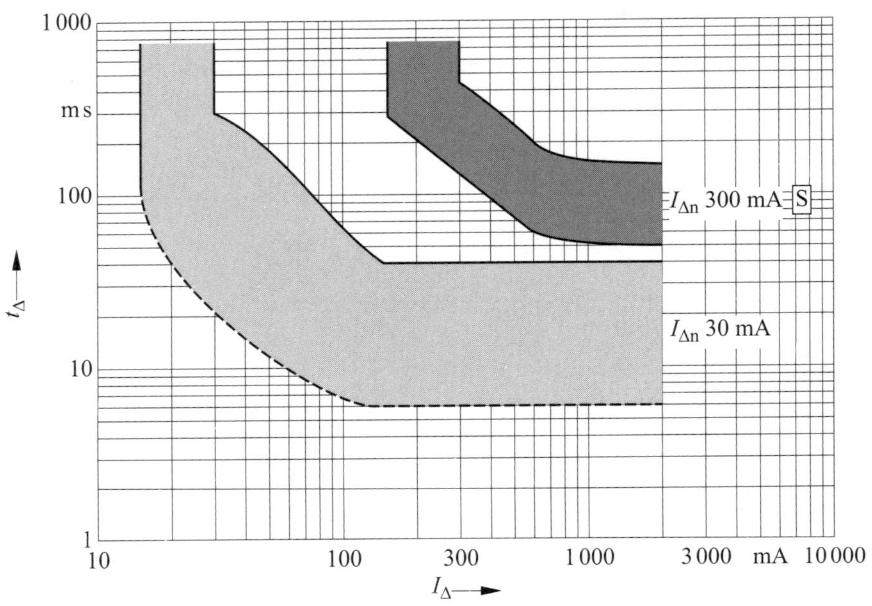

Bild 13.3 Abschaltzeiten von Fehlerstrom-Schutzeinrichtungen (RCDs) in Abhängigkeit des Bemessungsdifferenzstroms $I_{\Delta n}$
(Quelle: DIN EN 61008-1 Beiblatt 1 (**VDE 0664-10 Beiblatt 1**):2012-10, Bild 8 [49])

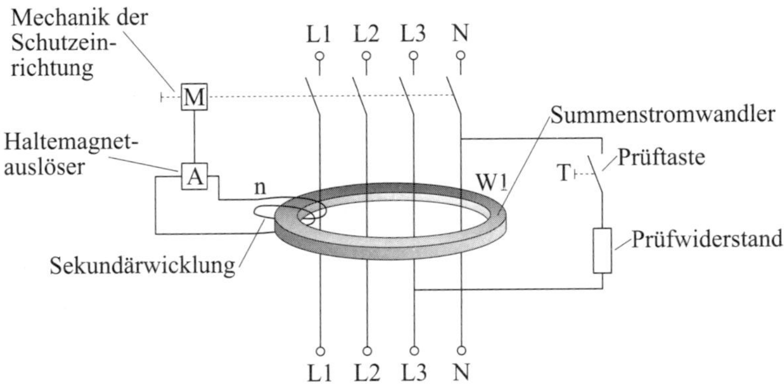

Bild 13.4 Interne Verdrahtung der Prüftaste in einer Fehlerstrom-Schutzeinrichtung (RCD)

13.3 Wirkungsweise von Fehlerstrom-Schutzeinrichtungen (RCDs)

13.3.1 Funktionsprinzip

Fehlerstrom-Schutzeinrichtungen (RCDs) machen sich die 1. Kirchhoff'sche Regel (**Bild 13.5**) zunutze, die auch als Knotenpunktsatz bekannt ist:

$$\sum I_{\text{zufließend}} = \sum I_{\text{abfließend}}$$

Die Summe der Augenblickswerte der einem Knotenpunkt zufließenden Ströme ist gleich der Summe aller abfließenden Ströme. Diese Regel gilt unabhängig von der Frequenz und Kurvenform für Gleich- und Wechselstrom.

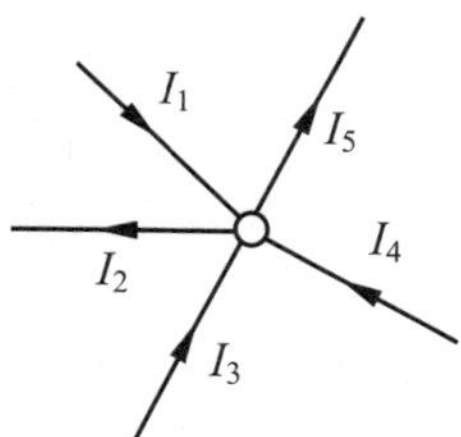

$$\sum I_{\text{zufließend}} = \sum I_{\text{abfließend}}$$

$$I_1 + I_3 + I_4 = I_2 + I_5$$

Bild 13.5 Summenstromprinzip (1. Kirchhoff'sche Regel)

Ein einfaches Beispiel für die 1. Kirchhoff'sche Regel ist das Vierleiter-Drehstromnetz. Bei unsymmetrischer Belastung ergänzt der Strom, der im Neutralleiter zurückfließt, die geometrische Summe der Ströme im Außenleiter auf null.

Ganz allgemein kann jede elektrische Anlage als Knotenpunkt angesehen werden. Die geometrische Summe der zu jedem Zeitpunkt über die Stromkreise ab- und zufließenden Ströme ist null, solange in der elektrischen Anlage kein Strom „verloren geht", also kein Fehler (z. B. Isolationsfehler) vorhanden ist.

Die Wirkungsweise von Fehlerstrom-Schutzeinrichtungen beruht nun exakt auf diesem Prinzip.

13.3.2 Aufbau und Funktion von Fehlerstrom-Schutzeinrichtungen (RCDs)

Die Fehlerstrom-Schutzeinrichtung (RCD) hat als Messglied einen Summenstromwandler, durch den alle aktiven Leiter des zu schützenden Stromkreises hindurchgeführt werden. Bei der vierpoligen Fehlerstrom-Schutzeinrichtung sind auf einem Wandlerkern insgesamt fünf Wicklungen angebracht. Vier davon werden vom Betriebsstrom durchflossen. Im störungsfreien Betrieb ergänzen sich die zu- und abfließenden Betriebsströme zu null (Summenstromprinzip, siehe Bild 13.5). Die durch die Ströme entstehenden magnetischen Flüsse im Wandlerkern (Ringkern) der Fehlerstrom-Schutzeinrichtung sind gleich groß und heben sich gegeneinander auf (**Bild 13.6**). Der Wandlerkern befindet sich im magnetischen Gleichgewicht, er wird nicht magnetisiert.

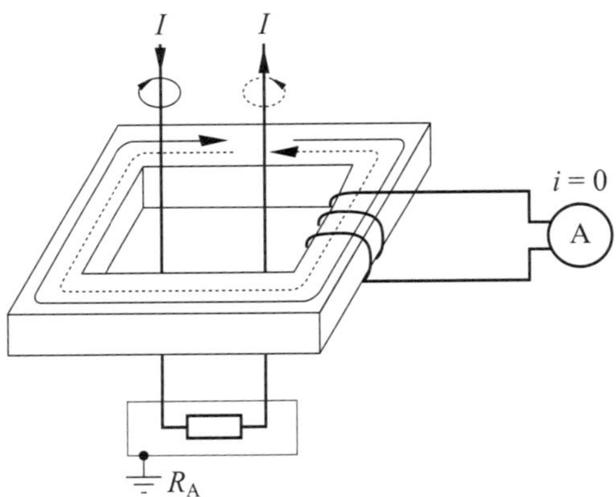

Bild 13.6 Aufhebung der magnetischen Flüsse

Fließt infolge eines Isolationsfehlers ein Stromanteil (Fehlerstrom I_F) unter Umgehung des Wandlers über R_A zur Stromquelle zurück, weicht die geometrische Summe der durch die Wandlerspulen fließenden Ströme von null ab (**Bild 13.7**).

Die magnetischen Flüsse im Wandlerkern der Fehlerstrom-Schutzeinrichtung (RCD) sind nun nicht mehr gleich groß. Sie heben sich nicht mehr auf. Der Wandlerkern befindet sich im magnetischen Ungleichgewicht, er wird magnetisiert. Der Differenzmagnetfluss erzeugt jetzt in der Sekundärwicklung (2. Wicklung) nach dem Transformatorprinzip eine Spannung. Die Höhe der induzierten Spannung hängt von der Flussänderung im Wandlerkern ab. Die höchste Spannung entsteht, wenn bei sinusförmigem Wechselstrom die Hystereseschleife des Wandlerkerns vom positiven bis zum negativen Sättigungspunkt durchlaufen wird (siehe auch Kapitel 13.10 dieses Buchs). Die in der Sekundärwicklung des Summenstromwandlers erzeugte

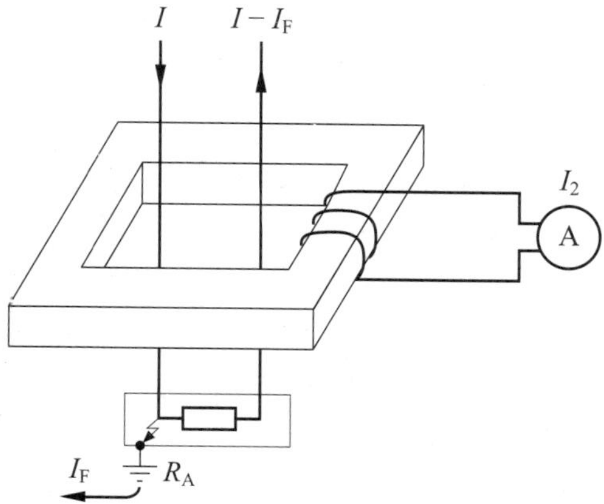

Bild 13.7 Fehlerstrom als Differenzstrom

Spannung treibt einen Strom I_2. Dieser Strom fließt nun durch die Wicklung des Magnetauslösers und erzeugt dort ein Wechselfeld. In Abhängigkeit von der Art des Magnetauslösers – gepolt oder ungepolt – wird die Auslösung auf unterschiedliche Art und Weise bewirkt.

13.3.3 Bemessungsdifferenzstrom und Auslösebereiche von Fehlerstrom-Schutzeinrichtungen (RCDs)

13.3.3.1 Bemessungsdifferenzstrom

Gängige Werte für den Bemessungsdifferenzstrom $I_{\Delta n}$ sind in der Praxis die Werte 30 mA, 300 mA und 500 mA. Für den Bemessungsstrom I_n sind die möglichen Werte 10 A, 13 A, 16 A, 20 A, 25 A, 32 A, 40 A, 63 A, 80 A, 100 A, 125 A. Bei Gebäudeinstallationen werden vorzugsweise vierpolige Geräte mit einem Bemessungsstrom von 40 A verwendet.

In der Normenreihe DIN VDE 0100 sind für bestimmte Anwendungsfälle Fehlerstrom-Schutzeinrichtungen (RCDs) mit einem bestimmten Bemessungsdifferenzstrom erforderlich. **Tabelle 13.1** enthält Normen, in denen der Einbau von Fehlerstrom-Schutzeinrichtungen (RCDs) für bestimmte Situationen auflistet.

Selbstverständlich wird man im Interesse der Sicherheit einen möglichst niedrigen Bemessungsdifferenzstrom auswählen. Fehlerstrom-Schutzeinrichtungen (RCDs) mit einem Bemessungsdifferenzstrom von 10 mA und 30 mA schalten innerhalb der vorgegebenen Auslösezeit von 300 ms ab, bevor es zum Herzkammerflimmern kommt (**Bild 13.8**).

Fehlerstrom-Schutzeinrichtungen (RCDs) mit einem Bemessungsdifferenzstrom von 10 mA oder 30 mA bieten somit einen optimalen Schutz bei einer Durchströmung des menschlichen Körpers im Falle einer direkten Berührung von aktiven Teilen.

Die für Hausgeräte und Geräte für ähnliche Zwecke gültige DIN EN 60335-1 (**VDE 0700-1**) [50] lässt betriebsbedingte Ableitströme, z. B. bei Wärmegeräten, bis zu 5 mA zu. Die Ableitströme aller Geräte eines RCD-geschützten Bereichs addieren sich.

Regelwerke	**Anwendungsbereich**	**Bemessungs-differenzstrom** $I_{\Delta n}$
DIN VDE 0100-410 [38]	Im **TN-System:** zusätzlicher Schutz • alle Endstromkreise im Außenbereich, • Steckdosenstromkreise für tragbare elektrische Betriebsmittel im Außenbereich ≤ 32 A, • alle Endstromkreise im Innenbereich ≤ 20 A	≤ 30 mA
	Im **TT-System:** Schutz gegen elektrischen Schlag Abschaltzeiten der RCD in Abhängigkeit der Bemessungsspannung (z. B. bei U_0 = 230 V Abschaltzeit 0,2 s)	Keine Angaben Abschaltzeit maßgebend
DIN VDE 0100-559 [51]	Leuchten in Ausstellungsständen Endstromkreise	≤ 30 mA
VdS 2033 [52]	Feuergefährdete Betriebsstätten	≤ 300 mA
DIN VDE 0100-701 [41]	in Räumen mit Badewanne oder Dusche	≤ 30 mA
DIN VDE 0100-702 [42]	Becken von Schwimmbädern, begehbaren Wasserbecken und Springbrunnen	≤ 30 mA
DIN VDE 0100-703 [53]	Räume und Kabinen mit Saunaheizung	≤ 30 mA
DIN VDE 0100-704 [54]	landwirtschaftliche und gartenbauliche Betriebsstätten	
	Endstromkreise mit Steckdosen	≤ 30 mA
	Endstromkreise	≤ 300 mA
DIN VDE 0100-705 [43]	Baustellen	
	Steckdosenstromkreis bis 32 A	≤ 30 mA
	Steckdosenstromkreis > 32 bis 63 A	≤ 500 mA Typ B
DIN VDE 0100-706 [55]	leitfähige Bereiche mit begrenzter Bewegungsfreiheit; fest angebrachte Betriebsmittel	≤ 30 mA
DIN VDE 0100-708 [56]	Caravanplätze, Campingplätze; für jede Steckdose einen eigenen RCD	≤ 30 mA

Tabelle 13.1 Auswahl von Normen mit Anforderungen an Fehlerstrom-Schutzeinrichtungen (RCDs)

Regelwerke	Anwendungsbereich	Bemessungsdifferenzstrom $I_{\Delta n}$
DIN VDE 0100-709 [57]	Marinas	
	für jede Steckdose einen eigenen RCD bis 32 A	≤ 30 mA
	für jede Steckdose einen eigenen RCD > 32 A	≤ 300 mA
	für jeden Festanschluss von Hausbooten	≤ 30 mA
DIN VDE 0100-710 [58]	medizinisch genutzte Bereiche Typ A oder B in Abhängigkeit der möglichen Fehlerströme	
	im TN-System Endstromkreise bis 32 A	≤ 30 mA
	im IT-System alle Endstromkreise	≤ 30 mA
DIN VDE 0100-711 [59]	Ausstellungen, Shows und Stände	
	am Speisepunkt	≤ 300 mA Typ S
	alle Steckdosen bis 32 A	≤ 30 mA
DIN VDE 0100-712 [60]	Photovoltaik; zum Schutz des Wechselrichters (lt. Herstellerangaben)	Typ B
DIN VDE 0100-714 [61]	Beleuchtungseinrichtungen im Freien	≤ 30 mA
DIN VDE 0100-717 [62]	ortsveränderliche oder transportable Baueinheiten; alle Steckdosen	≤ 30 mA
DIN VDE 0100-718 [9]	öffentliche Einrichtungen und Arbeitsstätten; wenn RCDs verwendet werden, dann für jeden einzelnen Endstromkreis	
DIN VDE 0100-721 [63]	Caravans und Motorcaravans; alle Stromkreise	≤ 30 mA
DIN VDE 0100-722 [64]	Elektrofahrzeuge	
	jeder Anschlusspunkt	≤ 30 mA
	falls EV-Ladestation nicht darüber verfügt	Typ B
DIN VDE 0100-723 [44]	Unterrichtsräume und Experimentiereinrichtungen	≤ 30 mA, Typ B
DIN VDE 0100-730 [65]	Landanschluss für Binnenschifffahrt; jede Steckdose	≤ 30 mA
DIN VDE 0100-740 [66]	Vergnügungseinrichtungen, Buden auf Kirmesplätzen, Vergnügungsparks und Zirkusse	
	Licht- und Steckdosenstromkreise bis 32 A	≤ 30 mA
	Stromversorgung der elektrischen Anlage	≤ 30 mA, Typ S

Tabelle 13.1 (*Fortsetzung*) Auswahl von Normen mit Anforderungen an Fehlerstrom-Schutzeinrichtungen (RCDs)

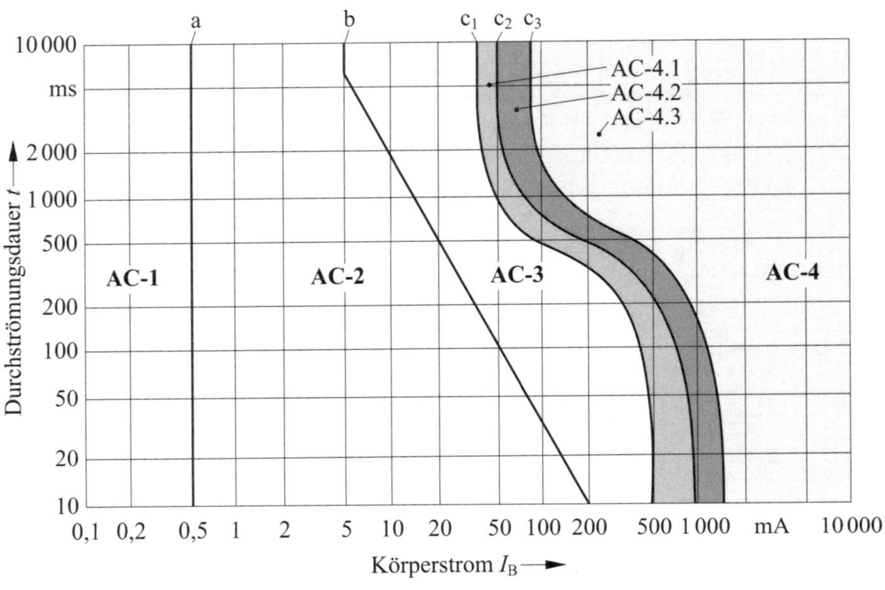

Bereiche	Grenzen	Physiologische Wirkung
AC-1	bis zu 0,5 mA Grenzlinie a	Wahrnehmung möglich, aber im Allgemeinen keine Schreckreaktionen
AC-2	über 0,5 mA bis Grenzlinie b	Wahrnehmung und unwillkürliche Muskelkontraktionen wahrscheinlich, aber im Allgemeinen keine schädlichen physiologischen Wirkungen
AC-3	Grenzlinie b bis Grenzlinie c_1	Starke unwillkürliche Muskelkontraktionen. Schwierigkeiten beim Atmen. Reversible Störungen der Herzfunktion. Muskelverkrampfung kann auftreten. Wirkung zunehmend mit Stromstärke und Durchströmungsdauer. Im Allgemeinen ist kein organischer Schaden zu erwarten
AC-4	über der Grenzlinie c_1	Es können pathologische Wirkungen auftreten, wie Herzstillstand, Atemstillstand und Verbrennungen oder andere Zellschäden. Wahrscheinlichkeit von Herzkammerflimmern ansteigend mit Stromstärke und Durchströmungsdauer
	$c_1 - c_2$	Wahrscheinlichkeit von Herzkammerflimmern ansteigend bis etwa 5 %
	$c_2 - c_3$	Wahrscheinlichkeit von Herzkammerflimmern ansteigend bis etwa 50 %
	über der Grenzlinie c_3	Wahrscheinlichkeit von Herzkammerflimmern ansteigend über 50 %

Bild 13.8 Zeit-Strom-Gefährdungsbereich
(Quelle: DIN IEC/TS 60479-1 (**VDE V 0140-479-1**):2007-05 [67])

Brandschutz

Fehlerstrom-Schutzeinrichtungen (RCDs) mit einem Bemessungsdifferenzstrom ≤ 300 mA haben auch eine hohe Bedeutung als Schutz gegen das Zünden von Bränden durch Einwirken des elektrischen Stroms, da sie vor Erreichen der für einen Brand erforderlichen Energie (Mindestleistung von $P \approx 60$ W bis 100 W) auslösen (**Tabelle 13.2**). Wärmeleistungen zwischen 60 W und 100 W können bereits brandgefährlich wirken, wenn sie auf einer Fläche von wenigen mm² freigesetzt werden.

Fehlerstrom-Schutzeinrichtung	**Maximal möglicher Dauerstrom**	**Wärmeleistung P bei U_n = 230 V**
$I_{\Delta n}$ = 0,5 A	0,5 A	115 W
$I_{\Delta n}$ = 0,3 A	0,3 A	69 W
$I_{\Delta n}$ = 100 mA	0,1 A	23 W
$I_{\Delta n}$ = 30 mA	0,03 A	6,9 W
$I_{\Delta n}$ = 10 mA	0,01 A	2,3 W
Erforderliche Mindestleistung für einen Brand $P \approx 60$ W bis 100 W		

Tabelle 13.2 Brandschutz mithilfe einer Fehlerstrom-Schutzeinrichtung (RCD)

Üblicherweise lösen Fehlerstrom-Schutzeinrichtungen (RCDs) bereits bei zwei Drittel oder drei Viertel ihres Bemessungsdifferenzstroms aus. Damit können Fehlerstrom-Schutzeinrichtungen (RCDs) bis zu einem Bemessungsdifferenzstrom von 300 mA auch als Brandschutzmaßnahme angesehen werden.

Werden Fehlerstrom-Schutzeinrichtungen (RCDs) in Reihe geschaltet, muss die übergeordnete Fehlerstrom-Schutzeinrichtung (RCD) vom Typ [S] sein.

Durch eine zeitlich verzögerte Auslösung wird eine Selektivität zu nachgeschalteten herkömmlichen Fehlerstrom-Schutzeinrichtungen erreicht. Die mögliche Staffelung von selektiven Fehlerstrom-Schutzeinrichtungen mit herkömmlichen Fehlerstrom-Schutzeinrichtungen zeigt **Tabelle 13.3**.

Fehlerstrom-Schutzeinrichtung (RCD)	
selektiv, zeitverzögert [S]	nicht zeitverzögert
$I_{\Delta n}$ = 0,1 A; I_N = 63 A	$I_{\Delta n}$ = 10 mA; I_n = 16 A
	$I_{\Delta n}$ = 30 mA; I_n = 25 A, 40 A und 63 A
$I_{\Delta n}$ = 0,3 A; I_N = 63 A	$I_{\Delta n}$ = 10 mA; I_n = 16 A
	$I_{\Delta n}$ = 30 mA; I_n = 25 A, 40 A und 63 A

Tabelle 13.3 Mögliche Staffelung von Fehlerstrom-Schutzeinrichtungen (RCDs)

13.3.3.2 Auslösebereiche

Wird bei Wechselfehlerströmen die Höhe des Bemessungsdifferenzstroms $I_{\Delta n}$ überschritten, so muss die Fehlerstrom-Schutzeinrichtung (RCD) innerhalb einer in den Baubestimmungen für die Fehlerstrom-Schutzeinrichtungen (RCDs) festgelegten Zeit auslösen.

Üblicherweise bewegen sich die Hersteller von Fehlerstrom-Schutzeinrichtungen (RCDs) bei der Fertigung etwa in die Mitte der zulässigen Bandbreite des Auslösestroms (etwa $0{,}75 \cdot I_{\Delta n}$). Der einmal vom Hersteller vorgegebene Auslösestrom I_{Δ} einer Fehlerstrom-Schutzeinrichtung verändert sich erfahrungsgemäß in der Praxis im Normalfall nicht mehr bzw. nur unwesentlich.

Fehlerstrom-Schutzeinrichtungen (RCDs) müssen beim Erreichen des Bemessungsdifferenzstroms innerhalb von 0,3 s (bzw. 0,5 s bei selektiven Fehlerstrom-Schutzeinrichtungen) abschalten, siehe **Tabelle 13.4**, bei einem Wechselfehlerstrom von $5 \cdot I_{\Delta n}$ sogar schon innerhalb von 40 ms (bzw. 0,15 s bei selektiven Fehlerstrom-Schutzeinrichtungen).

<table>
<tr><th rowspan="2">Typ</th><th>I_n</th><th>$I_{\Delta n}$</th><th colspan="5">Normwerte der Abschaltzeit (s) und der Nichtauslösezeit (s) bei einem Fehlerstrom (I_{Δ}):</th></tr>
<tr><th>A</th><th>A</th><th>$I_{\Delta n}$</th><th>$2 \cdot I_{\Delta n}$</th><th>$5 \cdot I_{\Delta n}$</th><th>500 A</th><th></th></tr>
<tr><td>allgemein</td><td>jeder Wert</td><td>jeder Wert</td><td>0,3</td><td>0,15</td><td>0,04</td><td>0,04</td><td>höchstzulässige Abschaltzeit</td></tr>
<tr><td rowspan="2">S</td><td rowspan="2">≥ 25</td><td rowspan="2">> 0,030</td><td>0,5</td><td>0,2</td><td>0,15</td><td>0,15</td><td>höchstzulässige Abschaltzeit</td></tr>
<tr><td>0,13</td><td>0,06</td><td>0,05</td><td>0,04</td><td>kürzeste Nichtauslösezeit</td></tr>
<tr><th colspan="8">Auslösebereiche bei pulsierendem Gleichfehlerstrom:</th></tr>
<tr><th colspan="2" rowspan="2">Winkel α</th><th colspan="6">Auslösestrom A</th></tr>
<tr><th colspan="3">untere Grenze</th><th colspan="3">obere Grenze</th></tr>
<tr><td colspan="2">0°
90°
135°</td><td colspan="3">$0{,}35 \cdot I_{\Delta n}$
$0{,}25 \cdot I_{\Delta n}$
$0{,}11 \cdot I_{\Delta n}$</td><td colspan="3">$1{,}4 \cdot I_{\Delta n}$ (bzw. $2 \cdot I_{\Delta n}$)</td></tr>
</table>

Tabelle 13.4 Normwerte der Abschaltzeit und der Nichtauslösezeit bei Fehlerstrom-Schutzeinrichtungen (RCDs) des Typs A

Bei pulsierenden Gleichfehlerströmen hängt die Nichtauslösung vom Phasenanschnittwinkel ab. Entsprechend der Produktnorm dürfen Fehlerstrom-Schutzeinrichtungen (RCDs) in Abhängigkeit vom Phasenanschnittwinkel α bis 0,11 (0,25; 0,35) $\cdot I_{\Delta n}$ nicht auslösen. Für die Abschaltung gelten die gleichen Abschaltzeiten wie in Tabelle 13.4, beim Bemessungsdifferenzstrom $I_{\Delta n}$ ($2 \cdot I_{\Delta n}$, $5 \cdot I_{\Delta n}$) für die Auslösung ist jedoch der 1,4-fache Wert (bzw. zweifache Wert bei $I_{\Delta n} \leq 10$ mA) einzusetzen.

13.4 Begrenzende Wirkung des Fehlerstroms?

Eine Begrenzung des Fehlerstroms im Fehlerfall durch eine Fehlerstrom-Schutzeinrichtung (RCD) erfolgt nur zeitlich, nicht aber in der Höhe des Fehlerstroms. Fehlerstrom-Schutzeinrichtung (RCD) reagieren bereits bei niedrigeren Fehlerströmen als z. B. ein Leitungsschutzschalter oder eine Sicherung. Doch die Stromhöhe die z. B. den menschlichen Körper beim elektrischen Schlag durchströmt, ist die gleiche.

Überstromschutzeinrichtungen müssen in einem TN-System mit einer Bemessungsspannung von U_0 = 230 V innerhalb von 0,4 s abschalten. Damit eine Abschaltung in dieser kurzen Zeit möglich ist, wird in der Regel das Fünffache des Bemessungsstroms eines Leitungsschutzschalters (B16) benötigt, um innerhalb von 0,1 s abschalten zu können.

Irrtümlich wird immer wieder angenommen, dass der Fehlerstrom auf den Bemessungsdifferenzstroms $I_{\Delta n}$ der Fehlerstrom-Schutzeinrichtung (RCD) begrenzt wird. **Dies ist falsch!**

Die Höhe des Fehlerstroms richtet sich ausschließlich nach dem Fehlerschleifenwiderstand. Wobei der Widerstand des Menschen und der Standortwiderstand eine Rolle spielt.

Fehlerstrom-Schutzeinrichtungen (RCDs) arbeiten also nicht fehlerstrombegrenzend, sondern zeitbegrenzend. Die Empfindlichkeit, also der Bemessungsdifferenzstrom $I_{\Delta n}$ der Fehlerstrom-Schutzeinrichtung (RCD), hat keinen Einfluss auf die Begrenzung des Fehlerstroms. Bis zur Auslösung fließt der volle Fehlerstrom. Doch eine Fehlerstrom-Schutzeinrichtung (RCD) schaltet ca. um den Faktor 10 schneller ab als eine Überstromschutzeinrichtung.

Es ist von großer Bedeutung, dass Fehlerstrom-Schutzeinrichtungen (RCDs) bereits bei kleinen Isolationsfehlerströmen (ca. in Höhe ihres Bemessungsdifferenzstroms) reagieren und ein elektrischer Schlag bereits im Frühstadium eines Fehlers verhindert wird.

13.5 Einsatz von Fehlerstrom-Schutzeinrichtungen (RCDs) in TN-, TT- und IT-Systemen

Fehlerstrom-Schutzeinrichtungen (RCDs) können als zusätzliche Schutzeinrichtung zum Schutz gegen elektrischen Schlag für die automatische Abschaltung im TN-System (**Bild 13.9**) als auch als Schutzeinrichtung zum Schutz gegen elektrischen Schlag im TT-System (**Bild 13.10**) eingesetzt werden.

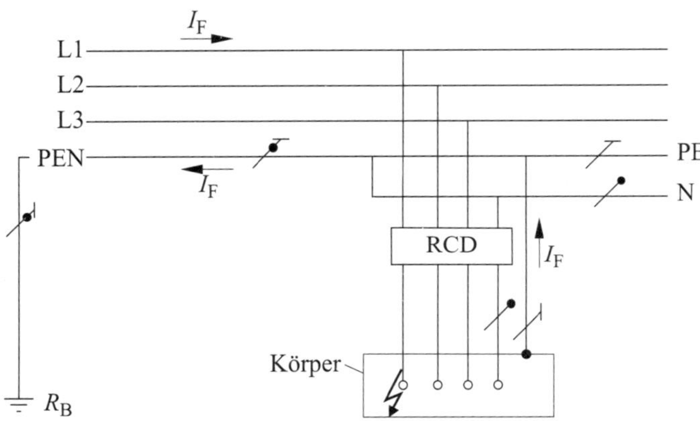

Bild 13.9 Schutzmaßnahme in einem TN-C-S-System mit Fehlerstrom-Schutzeinrichtung (RCD)

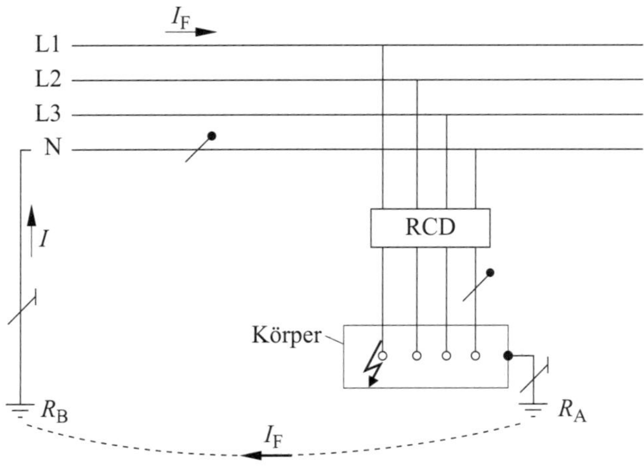

Bild 13.10 Schutzmaßnahme in einem TT-System mit Fehlerstrom-Schutzeinrichtung (RCD)

Bei Anwendung der Fehlerstrom-Schutzeinrichtung (RCD) für die automatische Abschaltung im TT-System spricht man von einer „Schutzmaßnahme im TT-System mit Fehlerstrom-Schutzeinrichtung (RCD).

Beim Einsatz der Fehlerstrom-Schutzeinrichtung (RCD) für die automatische Abschaltung im TN-System spricht man von einer zusätzlichen Schutzmaßnahme.

Der Anschluss der Körper an den Schutzleiter des TN-Systems ist unabhängig von der Fehlerstrom-Schutzeinrichtung (RCD) vorzunehmen (siehe Bild 13.9). Beim Einsatz von Fehlerstrom-Schutzeinrichtungen (RCDs) im TN-System darf der im Verteilungsnetz mitgeführte Schutz- bzw. PEN-Leiter als Erder verwendet werden. Die Fehlerstrom-Schutzeinrichtung (RCD) darf nur in Bereichen mit getrenntem Neutral- und Schutzleiter (TN-S-System) eingesetzt werden.

Ungeeignet für TN-C-S-Systeme

In dem Teil eines TN-Systems, in dem Neutral- und Schutzleiter vereinigt sind (TN-C-System), muss der Schutz durch **Überstrom**schutzeinrichtungen sichergestellt werden; **Fehlerstrom**-Schutzeinrichtungen können dort nicht verwendet werden. Bei Verwendung einer Fehlerstrom-Schutzeinrichtung (RCD) würde im Fehlerfall der Fehlerstrom über den PEN-Leiter hinter der Fehlerstrom-Schutzeinrichtung (RCD) und über den Summenstromwandler zurückfließen. Das Summenstromprinzip wäre somit nicht gestört. Die Fehlerstrom-Schutzeinrichtung (RCD) würde nicht auslösen (**Bild 13.11**).

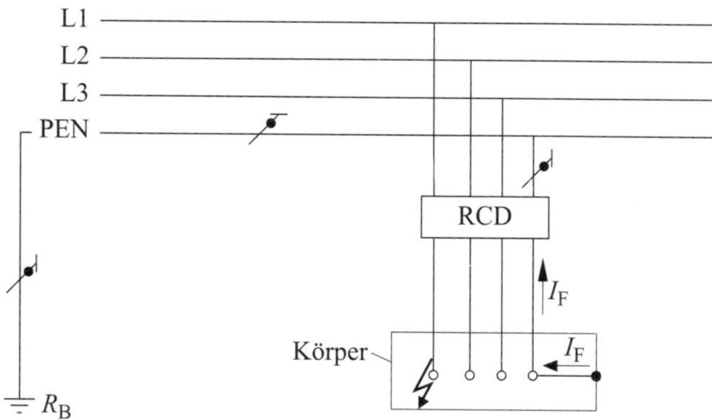

Bild 13.11 Unzulässige Schutzmaßnahme in einem TN-C-System mit Fehlerstrom-Schutzeinrichtung (RCD): Fehlerstrom-Schutzeinrichtung löst nicht aus

Beim IT-System

Bei IT-Systemen muss beim ersten Körper- oder Erdschluss eines Außenleiters keine Abschaltung erfolgen, da hierbei noch kein gefährlicher Körperstrom fließen kann. Der Betrieb muss daher nicht unterbrochen werden, und es können aufgrund der Fehlermeldung über eine Isolationsüberwachungseinrichtung (IMD) Maßnahmen ergriffen werden, bevor ein zweiter Fehler in einem anderen Außenleiter auftritt.

Beim Doppelfehler

Im Doppelfehlerfall muss jedoch eine Abschaltung erfolgen. Wenn die Körper im IT-System untereinander über einen Schutzleiter verbunden und gemeinsam geerdet sind, sind dabei die Abschaltzeiten des TN-Systems zu erfüllen, und die Abschaltung kann über Überstromschutzeinrichtungen oder Fehlerstrom-Schutzeinrichtungen (RCDs) erfolgen. Wenn die Körper innerhalb des IT-Systems einzeln oder in Gruppen geerdet sind, müssen die Abschaltzeiten des TT-Systems erfüllt werden.

Fehlerstrom bestimmen

Die Bestimmung des Fehlerstroms beim Auftreten des ersten Fehlers kann durch eine Berechnung erfolgen. Wenn die hierfür benötigten Parameter nicht bekannt sind, muss eine Messung durchgeführt werden. Eine solche Messung ist jedoch nur möglich, wenn ein künstlicher Erdschluss hergestellt wird. Hierbei müssen Vorkehrungen gegen Gefährdungen für den Fall eines Doppelfehlers getroffen werden. So können im Einzelfall bei der Simulation von Isolationsfehlern hohe Ableitströme auftreten, z. B. in Anlagen mit Umrichtern.

13.6 Bedingungen für den Einsatz von Fehlerstrom-Schutzeinrichtungen (RCDs)

13.6.1 Fehlerstrom-Schutzeinrichtungen (RCDs) im TT-System

13.6.1.1 Zu erfüllende Bedingung

Im TT-System muss folgende Bedingung erfüllt sein:

$$R_A \cdot I_a \leq U_L$$

Bei Verwenden einer Fehlerstrom-Schutzeinrichtung (RCD) ist I_a der Bemessungsdifferenzstrom $I_{\Delta n}$. Die einzuhaltende Bedingung lautet dann:

$$R_A \cdot I_{\Delta n} \leq U_L$$

Darin bedeuten:

I_a Strom, der das automatische Abschalten der Schutzeinrichtung (RCD) innerhalb 5 s bewirkt,

$I_{\Delta n}$ Bemessungsdifferenzstrom der Fehlerstrom-Schutzeinrichtung (RCD),

R_A Erdungswiderstand der Erder am Körper,

U_L vereinbarte Grenze der dauernd zulässigen Berührungsspannung.

Beim TT-System

Für das TT-System ergeben sich zur Erfüllung der Abschaltbedingung $R_A \cdot I_{\Delta n} \leq U_L$ in Abhängigkeit vom Bemessungsdifferenzstrom $I_{\Delta n}$ der Fehlerstrom-Schutzeinrichtung (RCD) die maximal zulässigen Erdungswiderstände R_A nach **Tabelle 13.5**.

		Bemessungsdifferenzstrom $I_{\Delta n}$ in mA				
		10	**30**	**100**	**300**	**500**
maximal zulässiger Erdungswiderstand, gemessen an Körpern von Betriebsmitteln	R_A bei $U_L = 50$ V in Ω	5 000	1 666	500	166	100

Tabelle 13.5 Mindesterdungswiderstände für die Auslösung einer Fehlerstrom-Schutzeinrichtung (RCD)

Die Widerstandswerte von R_A beinhalten auch die Widerstände von Schutzleitern und Klemmstellen, es sind also die an Körpern von Betriebsmitteln zulässigen Werte. Solange der Fehlerstrom I_F kleiner als der Nennfehlerstrom $I_{\Delta n}$ ist und der maximal zulässige Erdungswiderstand R_A eingehalten ist, kann am Erder keine gefährliche Berührungsspannung U_B entstehen.

Das Erfüllen der Bedingung $R_A \cdot I_{\Delta n} \leq U_L$ ist durch Prüfungen nachzuweisen (siehe auch Kapitel 12.5.4 dieses Buchs). Hierbei sollte berücksichtigt werden, dass die gemessenen Werte Augenblickswerte sind, die sich mit der Bodenbeschaffenheit (z. B. trocken statt feucht) stark ändern können. Gegenüber den theoretischen Werten der Tabelle 13.5 ist also ein entsprechender Sicherheitszuschlag erforderlich.

13.6.1.2 Mehrere Fehlerstrom-Schutzeinrichtungen (RCDs) an einem Erder

Theoretisch addieren sich bei einem Fehler, der gleichzeitig auf mehrere durch Fehlerstrom-Schutzeinrichtungen (RCDs) geschützte Anlagenteile einwirkt, die Fehlerströme und rufen somit dann eine unzulässig hohe Berührungsspannung U_B über einem gemeinsamen Erder hervor.

Die Gleichzeitigkeit mehrerer Körperschlüsse braucht bei Anlagen, deren Fehlerstrom-Schutzeinrichtungen (RCDs) alle an einem Erder angeschlossen sind, genauso wenig angenommen zu werden wie bei der Bemessung von Schutzleitern nach DIN VDE 0100-540. Im Falle des Anschlusses mehrerer Fehlerstrom-Schutzeinrichtungen (RCDs) an einen Erder ist der Erdungswiderstand allein nach dem größten Bemessungsdifferenzstrom $I_{\Delta n}$ der angeschlossenen Fehlerstrom-Schutzeinrichtungen zu bemessen.

13.6.2 Fehlerstrom-Schutzeinrichtungen (RCDs) im TN-System

Im TN-System muss folgende Bedingung erfüllt sein:

$$Z_s \cdot I_a \leq U_0$$

Beim Einsatz einer Fehlerstrom-Schutzeinrichtung (RCD) ist I_a der Bemessungsdifferenzstrom $I_{\Delta n}$. Die einzuhaltende Bedingung lautet dann:

$$Z_s \cdot I_{\Delta n} \leq U_0$$

Darin bedeuten:

I_a Strom, der das automatische Abschalten der Schutzeinrichtung (RCD) innerhalb von 0,4 s bzw. 5 s bewirkt,

$I_{\Delta n}$ Bemessungsdifferenzstrom der Fehlerstrom-Schutzeinrichtung,

U_0 Nennspannung gegen geerdeten Leiter,

Z_s Impedanz der Fehlerschleife.

Abschaltbedingungen problemlos

Die Abschaltbedingung $Z_s \cdot I_{\Delta n} \leq U_0$ im TN-System mit einer Fehlerstrom-Schutzeinrichtung (RCD) zu erfüllen, ist problemlos möglich. Selbst bei dem größten Bemessungsdifferenzstrom $I_{\Delta n}$ = 0,5 A wird die Bedingung immer erfüllt sein. Theoretisch dürfte die Impedanz der Fehlerschleife Werte bis zu 460 Ω annehmen. Auch der maximal zulässige Wert von Z_s = 230 Ω für die in Sonderfällen zur Anwendung kommende Fehlerstrom-Schutzeinrichtung (RCD) mit einem Bemessungsdifferenzstrom von $I_{\Delta n}$ = 1 A zeigt, dass die Einhaltung dieser Bedingung absolut kein Problem darstellt.

Messen der Fehlerschleifenimpedanz

Deshalb ist auch das Messen der Fehlerschleifenimpedanz bei Anwendung einer Fehlerstrom-Schutzeinrichtung (RCD) für den Schutz bei indirektem Berühren im TN-System nicht erforderlich. Bei dem Versuch, die Fehlerschleifenimpedanz zu messen, wird meist die Fehlerstrom-Schutzeinrichtung (RCD) auslösen. Durch Erzeugen eines Fehlerstroms hinter der Fehlerstrom-Schutzeinrichtung (RCD) ist nachzuweisen, dass die Fehlerstrom-Schutzeinrichtung (RCD) mindestens bei Erreichen ihres Bemessungsdifferenzstroms $I_{\Delta n}$ auslöst ($I_{\Delta} \leq I_{\Delta n}$).

Achtung

Die Berührungsspannung U_B ist bei Fehlerstrom-Schutzeinrichtungen im TN-System wegen der Niederohmigkeit der Fehlerschleife sehr niedrig. Eine Anzeige am Messgerät ist daher im Allgemeinen nicht möglich und die Bedingung $U_B \leq U_L$ immer erfüllt.

13.7 Durchführung der Prüfungen

13.7.1 Allgemeines

Je nach Schutzzweck der verwendeten Fehlerstrom-Schutzeinrichtungen (RCDs) ist der richtige Typ und der Einbauort zu prüfen.

13.7.2 Besichtigen

Das vor dem Erproben und Messen bei üblicherweise vollständig spannungsloser Anlage durchzuführende Besichtigen erstreckt sich hinsichtlich der verwendeten Fehlerstrom-Schutzeinrichtungen (RCDs) darauf, dass eine leichte Zugänglichkeit zur Bedienung und Wartung gemäß DIN VDE 0100-510 [30], DIN VDE 0100-729 [68] und DIN EN 50274 (**VDE 0660-514**) [69] gegeben sein muss.

Außerdem ist zu prüfen, ob Fehlerstrom-Schutzeinrichtungen (RCDs) entsprechend den Normen für die Errichtung von Niederspannungsanlagen (Normenreihe DIN VDE 0100) vorhanden sind und der Bemessungsdifferenzstrom und das Zeitverhalten richtig ausgewählt wurden.

Bei der Anwendung von Fehlerstrom-Schutzeinrichtungen (RCDs) in IT-Systemen ist darüber hinaus zu prüfen, ob die Körper der Verbrauchsmittel einzeln oder gemeinsam geerdet sind und damit im Fehlerfall die Bedingungen des TN- oder des TT-Systems eingehalten werden.

13.7.3 Erproben

Das Erproben der Abschaltung durch Fehlerstrom-Schutzeinrichtungen (RCDs) erfolgt durch Betätigen der Prüftaste der Fehlerstrom-Schutzeinrichtung (RCD).

Alle Fehlerstrom-Schutzeinrichtungen (RCDs) verfügen über eine solche Prüfeinrichtung. Beim Drücken der Prüftaste T wird über einen Prüfwiderstand ein Strom am Summenstromwandler vorbeigeführt und somit ein Fehlerstrom I_F simuliert. Das dadurch erzielte magnetische Wandlerungleichgewicht führt zur gewollten Auslösung.

Hierdurch wird geprüft, ob die Fehlerstrom-Schutzeinrichtung (RCD) elektromechanisch arbeitet. Eine Kontrolle der richtigen Funktion der gesamten angewendeten Schutzmaßnahmen (TT- oder TN-System) ist damit nicht möglich. Das so herbeigeführte Abschalten beweist lediglich, dass die Fehlerstrom-Schutzeinrichtung (RCD) elektromechanisch funktioniert. Die Prüftastenbetätigung gibt keinen Aufschluss über die Beschaffenheit des Erders und des Erdungsleiters.

Die Prüftaste ist bei den Fehlerstrom-Schutzeinrichtungen (RCDs) so konzipiert, dass auch bei längerem Drücken die Belastung nur kurzzeitig erfolgt, siehe **Bild 13.12**.

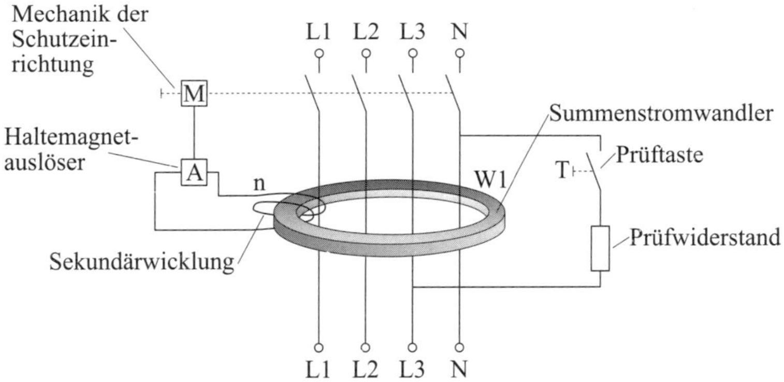

Bild 13.12 Prinzipschaltbild einer Fehlerstrom-Schutzeinrichtung (RCD) (Quelle: Siemens AG, Technik-Fibel Fehlerstrom-Schutzeinrichtungen [70])

13.7.4 Messen

13.7.4.1 Allgemeines

TN-System

Für das Messen bei TN-Systemen mit Fehlerstrom-Schutzeinrichtungen (RCDs) gilt der Abschnitt 6.4.3.7.1 a) der DIN VDE 0100-600:2017-06. Hiernach ist die Wirksamkeit der Schutzmaßnahme durch Erzeugen eines Differenzstroms von maximal $I_{\Delta n}$ mit geeigneten Messgeräten (d. h. solchen nach DIN EN 61557-6 (**VDE 0413-6**) [71]) zu prüfen.

TT-System

Für das Messen bei TT-Systemen mit Fehlerstrom-Schutzeinrichtungen (RCDs) gilt der Abschnitt 6.4.3.7.1 b) der DIN VDE 0100-600:2017-06. Hiernach ist die Wirksamkeit der Schutzmaßnahme durch Erzeugen eines Differenzstroms von maximal $I_{\Delta n}$ mit geeigneten Messgeräten (d. h. solchen nach DIN EN 61557-6 (**VDE 0413-6**) [71]) zu prüfen.

IT-System

Für das Messen bei IT-Systemen mit Fehlerstrom-Schutzeinrichtungen (RCDs) erfolgt im Abschnitt 6.4.3.7.1 c) der DIN VDE 0100-600:2017-06 ein Verweis auf die Messungen im TN- bzw. TT-System, je nachdem, ob bei einem zweiten Fehler in einem anderen Außenleiter ähnliche Bedingungen wie im TN- bzw. TT-System auftreten. Dies ist nach DIN VDE 0100-410:2018-06, Abschnitt 411.6.4, davon abhängig, ob die Körper der angeschlossenen Verbrauchsmittel einzeln oder gemeinsam (bzw. in Gruppen gemeinsam) geerdet sind.

13.7.4.2 Messung der Auslösezeit und der Fehlerspannung

Hinter der Fehlerstrom-Schutzeinrichtung (RCD) ist ein Fehlerstrom I_F zu erzeugen. Mit dem simulierten Fehlerstrom I_F wird die Auslösezeit ermittelt:

13.7.4.2.1 Auslösezeit $I_\Delta \leq I_{\Delta n}$

Die Fehlerstrom-Schutzeinrichtung (RCD) löst beim Erreichen ihres Bemessungsdifferenzstroms $I_{\Delta n}$ aus ($I_\Delta \leq I_{\Delta n}$). Der Nachweis, dass die Fehlerstrom-Schutzeinrichtung (RCD) mindestens bei Erreichen ihres Bemessungsdifferenzstroms $I_{\Delta n}$ auslöst, kann auf zweierlei Art und Weise erbracht werden.

Methode A) mit ansteigendem Prüfstrom

Der Auslösestrom I_Δ der Fehlerstrom-Schutzeinrichtung (RCD) wird durch Erzeugen eines simulierten Fehlerstroms I_F (ansteigender Prüfstrom) hinter der Fehlerstrom-Schutzeinrichtung (RCD) durch Messen ermittelt. Er muss beim Abschalten der Fehlerstrom-Schutzeinrichtung (RCD) $\leq I_{\Delta n}$ sein. Dies setzt voraus, dass das zur Prüfung herangezogene Messgerät auch den Auslösestrom I_Δ messen kann.

Fehlerstrom-Schutzeinrichtungen (RCDs) nach VDE 0664 müssen bei Wechselfehlerströmen spätestens beim Bemessungsdifferenzstroms $I_{\Delta n}$ ausgelöst haben.

Üblicherweise legen sich die Hersteller von Fehlerstrom-Schutzeinrichtungen bei der Fertigung etwa in die Mitte der zulässigen Bandbreite des Auslösestroms (etwa 0,75 · $I_{\Delta n}$). Bei pulsierenden Gleichfehlerströmen müssen Fehlerstrom-Schutzeinrichtungen (RCDs) nach VDE 0664 beim 1,4-Fachen des Bemessungsdifferenzstroms $I_{\Delta n}$ ausgelöst haben (bei $I_{\Delta n} \leq 10$ mA beim zweifachen Wert).

Methode B) Impulsmessung

Am Messgerät wird der Bemessungsdifferenzstrom $I_{\Delta n}$ der zu prüfenden Fehlerstrom-Schutzeinrichtung (RCD) fest eingestellt und mit einem Fehlerstrom I_F in Höhe des Bemessungsdifferenzstroms $I_{\Delta n}$ die Auslösung erreicht. Anstelle des bis zur Auslösung ansteigenden simulierten Fehlerstroms wird hier ein Impuls von maximal 200 ms erzeugt. Die heutige Generation der Messgeräte zum Prüfen der Wirksamkeit von Fehlerstrom-Schutzeinrichtungen nach DIN EN 61557-6 (**VDE 0413-6**) verwendet dieses Prinzip fast ausschließlich.

13.7.4.3 Auslösezeit

Das Feststellen der Auslösezeit von Fehlerstrom-Schutzeinrichtungen (RCDs) wird im Rahmen der Erstprüfungen vor Inbetriebnahme empfohlen. Mitunter wird bei einigen der auf dem Markt befindlichen Messgeräte die Möglichkeit geboten, auch die Auslösezeit der Fehlerstrom-Schutzeinrichtung (RCD) festzustellen. Eine solche Messung kann insbesondere in TT-Systemen wichtig sein, wenn Abschaltzeiten von ≤ 200 ms bei $U_0 = 230$ V erreicht werden müssen.

Erfahrungsgemäß lösen Fehlerstrom-Schutzeinrichtungen (RCDs) mit mechanischem Kraftspeicher nach DIN EN 61008-1 (**VDE 0664-10**), DIN EN 61009-1 (**VDE 0664-20**) und DIN VDE 0664-101 mit Sicherheit innerhalb der nach DIN VDE 0100-410 geforderten Abschaltzeit aus, wenn ihr Auslösestrom I_Δ überschritten wird. Fehlerstrom-Schutzeinrichtungen (RCDs) müssen bei Erreichen des Bemessungsdifferenzstroms $I_{\Delta n}$ für Wechselstrom bzw. des 1,4-fachen Bemessungsdifferenzstroms $I_{\Delta n}$ für pulsierenden Gleichstrom innerhalb von 0,3 s auslösen. Bei einem Wechselfehlerstrom von 5 · $I_{\Delta n}$ bzw. bei einem pulsierenden Gleichfehlerstrom von 5 · 1,4 $I_{\Delta n}$ muss die Abschaltung der Fehlerstrom-Schutzeinrichtung (RCD) innerhalb von 40 ms stattfinden (**Tabelle 13.6**).

Wechselfehlerstrom I_Δ	Pulsierender Gleichfehlerstrom I_Δ	Auslösezeit t_A
$I_{\Delta n}$	1,4 · $I_{\Delta n}$	≤ 300 ms
5 · $I_{\Delta n}$	5 · 1,4 $I_{\Delta n}$	≤ 40 ms

Tabelle 13.6 Abschaltzeiten von Fehlerstrom-Schutzeinrichtungen (RCDs)

Selektive Fehlerstrom-Schutzeinrichtungen (RCDs)

Selektive Fehlerstrom-Schutzeinrichtungen (RCDs) vom Typ [S] müssen eine Mindestverzögerung bei der Auslösung aufweisen und beim Bemessungsdifferenzstrom $I_{\Delta n}$ innerhalb 0,5 s abschalten (**Tabelle 13.7**).

Wechselfehlerstrom I_{Δ}	Pulsierender Gleichfehlerstrom I_{Δ}	Auslösezeit t_A
$I_{\Delta n}$	$1{,}4 \cdot I_{\Delta n}$	130 bis 500 ms
$2 \cdot I_{\Delta n}$	$2 \cdot 1{,}4\, I_{\Delta n}$	60 bis 200 ms
$5 \cdot I_{\Delta n}$	$5 \cdot 1{,}4\, I_{\Delta n}$	50 bis 150 ms
500 A	$\frac{1}{\sqrt{2}} \cdot 500$ A	40 bis 150 ms

Tabelle 13.7 Abschaltzeiten selektiver Fehlerstrom-Schutzeinrichtungen (RCDs)

Die im TT-System einzuhaltende Abschaltzeit von $\leq 0{,}2$ s wird bei selektiven Fehlerstrom-Schutzeinrichtungen nach DIN EN 61008-1 (**VDE 0664-10**) erst bei einem Fehlerstrom von $2 \cdot I_{\Delta n}$ garantiert.

Die Messung der Abschaltzeit wird von der VDE 0100-600 nicht allgemein gefordert, aber empfohlen. Gefordert ist die Messung aber, wenn Fehlerstrom-Schutzeinrichtungen (RCDs) wiederverwendet werden oder wenn bei einer Erweiterung einer Anlage vorhandene Geräte als Abschalteinrichtung für die erweiterten Teile verwendet werden. Darüber hinaus ist eine solche Messung bei wiederkehrenden Prüfungen erforderlich (DIN VDE 0105-100/A1).

13.7.5 Berücksichtigung von Ableitströmen

Eine Vorbelastung des Schutzleiters liegt dann vor, wenn bereits vor der Prüfung, z. B. durch Ableitströme, eine Spannung zwischen Schutzleiter und neutraler Erde vorhanden ist, die aber so klein ist, dass die Fehlerstrom-Schutzeinrichtung (RCD) nicht anspricht. Die vorbelastende Fehlerspannung U_V kann innerhalb der durch die Fehlerstrom-Schutzeinrichtung (RCD) zu schützenden Anlage selbst erzeugt werden oder auch über den Schutzleiter von einem Anlageteil vor der Fehlerstrom-Schutzeinrichtung (RCD) eingeschleppt werden (**Bild 13.13**). Sie wird oft von einem angeschlossenen Verbrauchsmittel verursacht. Dies erfolgt selbst dann, wenn das Verbrauchsmittel zwar ausgeschaltet, aber noch angeschlossen ist.

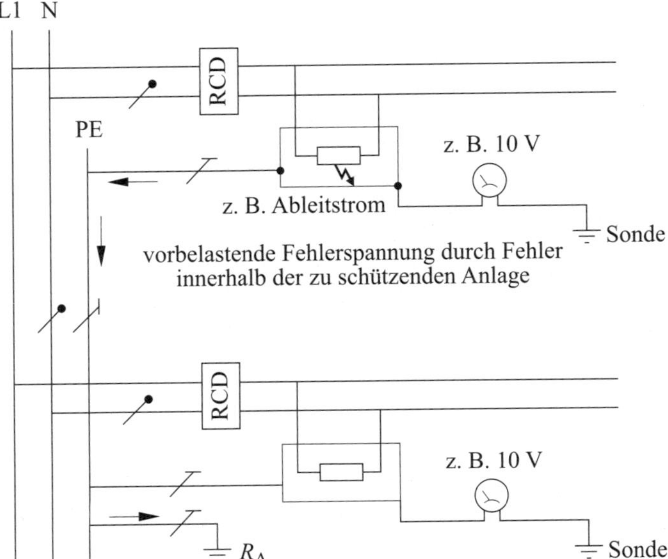

Bild 13.13 Verursachung von vorbelastenden Fehlerspannungen

Betriebsmäßige Schutzleiterströme

Bei einer Anlage mit betriebsmäßigen Schutzleiterströmen hat also der Schutzleiter bzw. der Körper des zu schützenden Betriebsmittels schon vor der Prüfung eine Spannung gegen Erde. Bei der Messschaltung mit Sonde zeigt der Spannungsmesser solche vorbelastenden Fehlerspannungen U_V sofort an. Im Gegensatz dazu wird bei der Messschaltung ohne Sonde die vorbelastende Spannung U_V zwischen Schutzleiter und Erde nicht bemerkt, sie wird also immer als Fehler bei der Messung der Berührungsspannung U_B eingehen.

Die Gefahr, dass solche Verhältnisse vorliegen, ist insbesondere dann gegeben, wenn das Voltmeter vor Einschalten des Prüfwiderstands eine normalerweise niedrigere Spannung zwischen Außen- und Schutzleiter als zwischen Außen- und Neutralleiter anzeigt.

Bei einer in vorbelastetem Zustand der Anlage vorgenommenen Messung wird nun nicht die Außenleiterspannung U_0 gegen Erde, sondern $U_0 - U_V$ gemessen. Bei einem angenommenen Wert von $U_0 = 230$ V könnte z. B. das Voltmeter des Prüfgeräts nur 210 V vor Einschaltung des Prüfwiderstands anzeigen. Diese Differenz von 20 V steht am Schutzleiter an und kann mit einem gegen eine Sonde geschalteten Voltmeter nachgewiesen werden. Löst bei Verringerung des Prüfwiderstands die Fehlerstrom-Schutzeinrichtung bei 40 V angezeigter Spannung aus, so wäre die Spannung tatsächlich aber 20 V Vorbelastung zuzüglich 40 V simulierter Fehlerspannung gleich 60 V (**Bild 13.14**). In diesem Beispiel wird vorausgesetzt, dass der Isolationsfehler, der die 20 V Vorbelastung des Schutzleiters verursacht, vom gleichen Außenleiter ausgelöst wird, der das Messgerät speist.

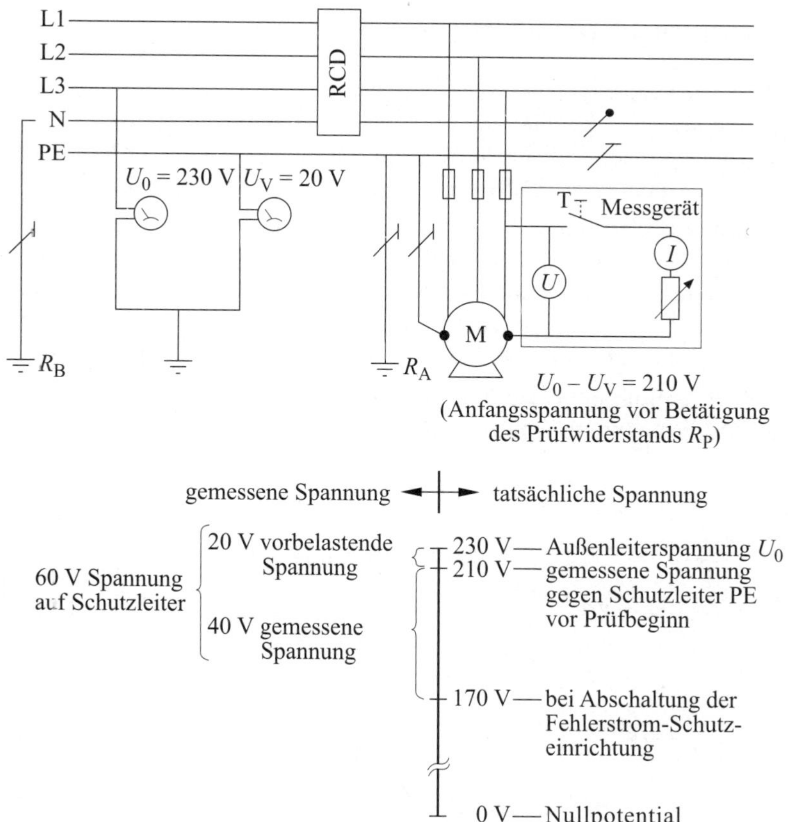

Bild 13.14 Vorbelastende Fehlerspannung

Würde der Isolationsfehler in einem der beiden anderen Außenleiter liegen, ändert sich die Spannungsrichtung, und das Messgerät zeigt eine über der Außenleiterspannung liegende Spannung an. Diese Spannungserhöhung ist aber bedingt durch die Phasenlage zu den anderen Außenleitern gering.

Bei ähnlichen Fällen müsste also entweder die Messschaltung mit Sonde angewendet oder aber versucht werden zu klären, warum die Spannung abweichend von der Netzspannung ist. Eine niedrigere Spannungsanzeige kann auch durch einen entsprechenden Spannungsfall am Neutralleiter durch Belastungen verursacht werden. Zu klären wäre dieses durch Abschalten von Verbrauchern bzw. Abklemmen der Abgänge hinter der Fehlerstrom-Schutzeinrichtung (RCD) und anschließender Wiederholung der Prüfung.

13.7.6 Messung von selektiven Fehlerstrom-Schutzeinrichtungen (RCDs)

Standardmäßige Fehlerstrom-Schutzeinrichtungen (RCDs) lösen unverzögert aus. Somit kann eine selektive Abschaltung im Fehlerfall durch eine Reihenschaltung gleichartiger standardmäßiger Fehlerstrom-Schutzeinrichtungen (RCDs) nicht erreicht werden, auch nicht durch Staffelung des Bemessungsdifferenzstroms $I_{\Delta n}$.

In Reihe geschaltete Fehlerstrom-Schutzeinrichtungen (RCDs) müssen immer sowohl in der Auslösezeit als auch im Bemessungsdifferenzstrom eine Staffelung aufweisen. Selektive Fehlerstrom-Schutzeinrichtungen sind mit dem Symbol [S] gekennzeichnet. Sie haben ein verzögertes Auslöseverhalten und arbeiten somit **zeitlich** selektiv zu nachgeschalteten Fehlerstrom-Schutzeinrichtungen (RCDs) höherer Empfindlichkeit.

Die selektive Fehlerstrom-Schutzeinrichtung (RCD) vom Typ [S] wird in Reihe mit standardmäßigen Fehlerstrom-Schutzeinrichtungen (RCDs) vom Typ A, B oder F

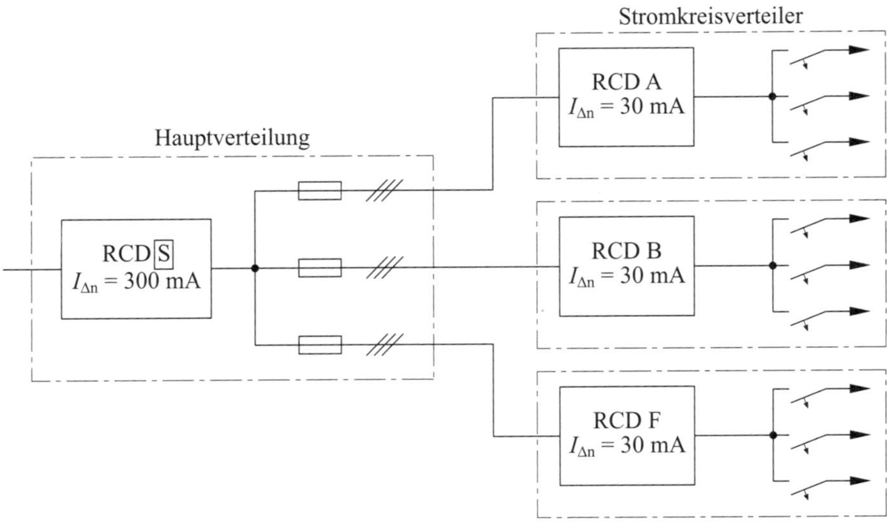

Bild 13.15 Einsatzort einer selektiven Fehlerstrom-Schutzeinrichtung (RCD)

eingesetzt (**Bild 13.15**). Hierdurch wird sichergestellt, dass nur die dem Fehler am nächsten angeordnete Fehlerstrom-Schutzeinrichtung auslöst.

Die im TN-System bei $U_0 = 230$ V geforderte Auslösezeit von ≤ 0,4 s entspricht nicht der maximal zulässigen Auslösezeit bei $I_{\Delta n}$ für selektive Fehlerstrom-Schutzeinrichtungen (RCDs) (siehe Tabelle 13.4 dieses Buchs).

Die im TT-System bei $U_0 = 230$ V geforderte Auslösezeit von ≤ 0,2 s wird bei selektiven Fehlerstrom-Schutzeinrichtungen (RCDs) erst bei einem Bemessungsdifferenzstrom von $2 \cdot I_{\Delta n}$ garantiert.

Daraus ergab sich folgende Beziehung:

$$2 \cdot I_{\Delta n} \cdot R_A \leq U_L$$

Für die Berechnung des maximal zulässigen Erdungswiderstands R_A gilt:

$$R_A \leq \frac{U_L}{2 \cdot I_{\Delta n}}$$

Gegenüber standardmäßigen Fehlerstrom-Schutzeinrichtungen (RCDs) darf somit bei selektiven Fehlerstrom-Schutzeinrichtungen (RCDs) der Erdungswiderstand R_A nur maximal halb so groß sein. Wobei selektive Fehlerstrom-Schutzeinrichtungen (RCDs) nicht in Endstromkreise eingesetzt werden.

Messgeräte

Zur Prüfung von selektiven Fehlerstrom-Schutzeinrichtungen (RCDs) können sowohl Messgeräte verwendet werden, die den Auslösestrom I_Δ messen (ansteigender Prüfstrom = **Methode A**), als auch solche, die mit einem simulierten Fehlerstrom I_F in Höhe des Bemessungsdifferenzstroms $I_{\Delta n}$ (Impulsmethode = **Methode B**) arbeiten. Bei modernen Messgeräten kann die Messfunktion für die Prüfung von selektiven Fehlerstrom-Schutzeinrichtungen (RCDs) angewählt werden.

Doppelter Bemessungsdifferenzstrom

Wird die Prüfung der Auslösung mit doppeltem Bemessungsdifferenzstrom durchgeführt, kann eine Auslösung herbeigeführt werden, da selektive Fehlerstrom-Schutzeinrichtungen (RCDs) bei $2 \cdot I_{\Delta n}$ innerhalb von 0,2 s abschalten müssen. Bedingt durch die wegen der längeren Abschaltzeit im Vergleich zu normalen Fehlerstrom-Schutzeinrichtungen (RCDs) nur halb so großen Erdungswiderstände, darf bei der Prüfung der Auslösung mit doppeltem Bemessungsdifferenzstrom auch nur die zulässige Berührungsspannung U_B auftreten.

Nachweis der Abschaltzeit

Es ist ausreichend, wenn durch eine Messung der Abschaltzeit die Einhaltung der zu erreichenden Werte nachgewiesen wird. In DIN VDE 0100-410 wird darauf hingewiesen, dass in TN-Systemen und in TT-Systemen Fehlerströme von $5 \cdot I_{\Delta n}$ oder höher auftreten. Damit werden in TN-Systemen bis U_0 = 400 V und in TT-Systemen bis U_0 = 230 V auch mit Fehlerstrom-Schutzeinrichtungen (RCDs) vom Typ [S] die geforderten Abschaltzeiten immer eingehalten.

Mit Schutzleiter zuverlässig verbunden

Auch beim Prüfen selektiver Fehlerstrom-Schutzeinrichtungen (RCDs) braucht die Wirksamkeit der Schutzmaßnahme hinter der selektiven Fehlerstrom-Schutzeinrichtung (RCD) nur an einer Stelle nachgewiesen zu werden, wenn der Nachweis erbracht wird, dass alle anderen durch die selektive Fehlerstrom-Schutzeinrichtung (RCD) geschützten Anlageteile über den Schutzleiter mit der Messstelle zuverlässig verbunden sind.

13.8 Anforderungen an Messgeräte

13.8.1 Allgemeines

Messgeräte und Überwachungseinrichtungen müssen für Prüfungen nach DIN VDE 0100-600 den Normen der Reihe EN 61557 entsprechen, um die prüfende Person oder andere nicht zu gefährden und auch um nachvollziehbare Messergebnisse zu erzielen. Für Messgeräte zur Prüfung von Fehlerstrom-Schutzeinrichtungen (RCDs) gelten die Anforderungen der DIN EN 61557-6 (**VDE 0413-6**).

13.8.2 Auslösung

Messgeräte zum Prüfen von Fehlerstrom-Schutzeinrichtungen (RCDs) müssen die Auslösung von Fehlerstrom-Schutzeinrichtungen (RCDs) ermöglichen:

„Auslösestrom I_{Δ} der Fehlerstrom-Schutzeinrichtung ≤ Bemessungsdifferenzstrom $I_{\Delta n}$ (bei Prüfung mit Wechselstrom)“.

Prüfung ohne Auslösung

Fehlerstrom-Schutzeinrichtungen (RCDs) mit einem Bemessungsdifferenzstrom $I_{\Delta n} \leq 30$ mA müssen entsprechend der Betriebsmittelnorm bereits innerhalb von 40 ms abschalten, wenn sie mit dem fünffachen Wert des Bemessungsdifferenzstroms beaufschlagt werden. Die Messgeräte müssen entsprechende Einstellungen haben, um die Prüfung mit dem fünffachen Wert durchzuführen. Die Prüfdauer muss auf 40 ms begrenzt sein und die Auslösung muss innerhalb dieser Zeit erfolgen. Eine Auslösung muss nicht erfolgen, wenn die Fehlerspannung die vereinbarte Grenze der Berührungsspannung nicht überschreitet. Diese Prüfung ist keine Anforderung der DIN VDE 0100-600, sondern sie liefert Hinweise über den Zustand der geprüften Fehlerstrom-Schutzeinrichtung (RCD).

13.8.3 Bemessungsbedingungen

Ganz allgemein gelten folgende Betriebsmessabweichungen unter Nennbetriebsbedingungen:

- Netzspannung während der Messung konstant,
- Netzspannung 0,85- bis 1,1-fache Nennspannung bei Nennfrequenz,
- Schutzleiter fremdspannungsfrei,
- Stromkreis hinter der Fehlerstrom-Schutzeinrichtung (RCD) frei von Ableitströmen,
- Temperaturbereich zwischen 0 °C und 35 °C,
- Abweichung gegenüber der Referenzlage von ±90° bei tragbaren Messgeräten,
- sinusförmiger Strom.

13.8.4 Betriebsmessabweichungen

Für jede Messung – insbesondere im Grenzbereich – muss durch das Messgerät eine Abschätzung der möglichen Messabweichung erlauben.

Die prüfende Person muss in jedem Fall Kenntnis über die Messabweichungen des von ihm verwendeten Messgeräts haben. Nicht immer werden vom Hersteller der Messgeräte die Messabweichungen deutlich herausgestellt.

Auslösestrom

Die Abweichung des Auslösestroms I_{Δ} darf nach DIN EN 61557-6 (**VDE 0413-6**), bezogen auf den Bemessungsdifferenzstrom, $I_{\Delta n} \pm 10$ % betragen.

13.8.5 Vermeiden gefährlicher Berührungsspannungen während einer Prüfung

Es müssen Vorsichtsmaßnahmen ergriffen werden, um eine Gefährdung von Personen und eine Beschädigung von Sachen sowie der errichteten Betriebsmittel zu vermeiden. Unfall-, Brand- oder Explosionsgefahren dürfen nicht entstehen, und selbstverständlich darf auch die prüfende Person selbst nicht gefährdet werden.

Die Ziele können erreicht werden, wenn die Prüfungen mit normgerechten Messgeräten für die geplanten Messaufgaben erfolgen, im vorliegenden Prüffall also mit Messgeräten nach DIN EN 61557-6 (**VDE 0413-6**).

Die Bauweise von Messgeräten nach dieser Norm stellt sicher, dass die Anforderung, nach der durch die Messung keine gefährliche Berührungsspannung in der zu prüfenden Anlage erzeugt wird, von der prüfenden Person erfüllt werden kann.

DIN EN 61557-6 (**VDE 0413-6**) lässt als zulässige (Schutz)Maßnahmen für die Messgeräte die beiden folgenden Möglichkeiten zu:

- Selbsttätiges Abschalten des Messgeräts nach maximal 0,2 s beim Auftreten von Berührungsspannungen $U_B > 50$ V (Grenzwert der dauernd zulässigen Berührungsspannung),
- Verwenden von stufenweise oder fest einstellbaren Prüfwiderständen, wobei gewährleistet sein muss, dass die Prüfung mit einem Widerstand begonnen wird, der einschließlich etwa parallel geschalteter Messkreise einen Strom von höchstens 3,5 mA zulässt; bei dieser Möglichkeit muss vom Prüfenden eindeutig erkannt werden können, z. B. an einem Spannungsmessgerät, ob der Prüfwiderstand ohne Erzeugung einer gefährlichen Berührungsspannung verringert werden darf.

Begrenzte Messzeit

Bei Messgeräten zum Prüfen von Fehlerstrom-Schutzeinrichtungen (RCDs) wird von den Herstellern die erstgenannte Möglichkeit des selbsttätigen Abschaltens nach maximal 0,2 s fast ausschließlich angewendet. Geräte mit der Impulsmethode (**Methode B**) erfüllen diese Anforderung durch die Impulslänge, die 200 ms nicht überschreiten darf.

Überhöhte Netzspannung

Bei Anschluss des Messgeräts bis 120 % der Nennspannung des Netzes, für die das Gerät bemessen ist, darf die prüfende Person nicht gefährdet und das Gerät nicht beschädigt werden. Die Schutzeinrichtungen dürfen dabei noch nicht ansprechen. Auch beim versehentlichen Anschluss von 173 % der Nennspannung für die Dauer von 1 Minute, das entspricht der verketteten Spannung des Netzes, darf die prüfende Person nicht gefährdet und das Messgerät nicht beschädigt werden. In diesem Fall dürfen jedoch Schutzeinrichtungen ansprechen.

13.9 Bewertung von Prüfergebnissen – Fehlerursachen

Soll mit einem Messgerät zum Prüfen der Wirksamkeit von Fehlerstrom-Schutzeinrichtungen (RCDs) auch im Fehlerfall die Fehlerursache festgestellt werden, so sind Geräte von Vorteil, die die Messung von Berührungsspannung U_B und Fehlerstrom I_F ermöglichen.

13.9.1 Fehlerstrom-Schutzeinrichtung (RCD) löst bei der Prüfung nicht aus

13.9.1.1 Berührungsspannung U_B zu hoch, Erdungswiderstand R_A zu hoch

Ist festgestellt worden, dass die Fehlerstrom-Schutzeinrichtung (RCD) bei Erreichen der Grenze der dauernd zulässigen Berührungsspannung U_L nicht abschaltet, die Berührungsspannung U_B also zu hoch ist, sind weitere Prüfungen notwendig, um die Fehlerursache zu ermitteln, wie z. B.:

Simulierter Fehlerstrom

Der bei der Prüfung (Messschaltung mit und ohne Sonde) simulierte Fehlerstrom I_F wird gemessen. Ist er kleiner als der Bemessungsdifferenzstrom $I_{\Delta n}$ der Fehlerstrom-Schutzeinrichtung (RCD), so wird der Fehler zuerst in einem zu hohen Erdungswiderstand R_A zu suchen sein. Erder bzw. Erdungsleiter sind daraufhin zu überprüfen und gegebenenfalls zu verbessern.

Beispiel

Gegeben: Fehlerstrom-Schutzeinrichtung $I_{\Delta n} = 0{,}5$ A.

Gemessen: Berührungsspannung $U_B = 65$ V,
Auslösestrom $I_\Delta = 0{,}325$ A.

$$R_A = \frac{U_B}{I_\Delta} = \frac{65\ \text{V}}{0{,}325\ \text{A}} = \underline{\underline{200\ \Omega}}$$

Dieser ermittelte Wert überschreitet den maximal zulässigen Erdungswiderstand $R_A = 100\ \Omega$ um $100\ \Omega$.

Zu hoher Erdungswiderstand

Die Verringerung des Erdungswiderstands kann mitunter eine problematische Angelegenheit sein. Oft lässt die geologische Bodenbeschaffenheit die Realisierung von ausreichend niedrigen Erdungswiderständen nicht zu.

In solch einem Fall kann die Wahl einer Fehlerstrom-Schutzeinrichtung (RCD) mit einem niedrigeren Bemessungsdifferenzstrom $I_{\Delta n}$ eine Lösung sein. Hier kommt der Vorteil zum Tragen, dass im Gegensatz zu den erforderlichen hohen Abschaltströmen beim Schutz mit Überstromschutzeinrichtungen bei den Fehlerstrom-Schutzeinrichtungen (RCDs) für die automatische Abschaltung im Fehlerfall deutlich niedrigere Abschaltströme erforderlich sind.

So kann bei einer zu hohen Berührungsspannung z. B. anstelle einer vorhandenen Fehlerstrom-Schutzeinrichtung (RCD) mit einem Bemessungsdifferenzstrom $I_{\Delta n}$ = 0,5 A – sie erfordert einen Erdungswiderstand R_A von maximal 100 Ω bei U_L = 50 V – eine Fehlerstrom-Schutzeinrichtung (RCD) mit einem Bemessungsdifferenzstrom $I_{\Delta n}$ = 0,3 A Abhilfe schaffen, die einen Erdungswiderstand R_A von maximal 166 Ω bei U_L = 50 V zulässt. Noch günstiger gestaltet sich die Berührungsspannung, wenn eine Fehlerstrom-Schutzeinrichtung (RCD) mit einem Bemessungsdifferenzstrom $I_{\Delta n}$ = 30 mA zum Einsatz kommt, in diesem Fall darf der Erdungswiderstand R_A sogar maximal 1 666 Ω bei U_L = 50 V betragen. **Bild 13.16** zeigt die Berührungsspannung U_B in Abhängigkeit vom Erdungswiderstand R_A für Fehlerstrom-Schutzeinrichtungen (RCDs) mit verschiedenen Bemessungsdifferenzströmen $I_{\Delta n}$.

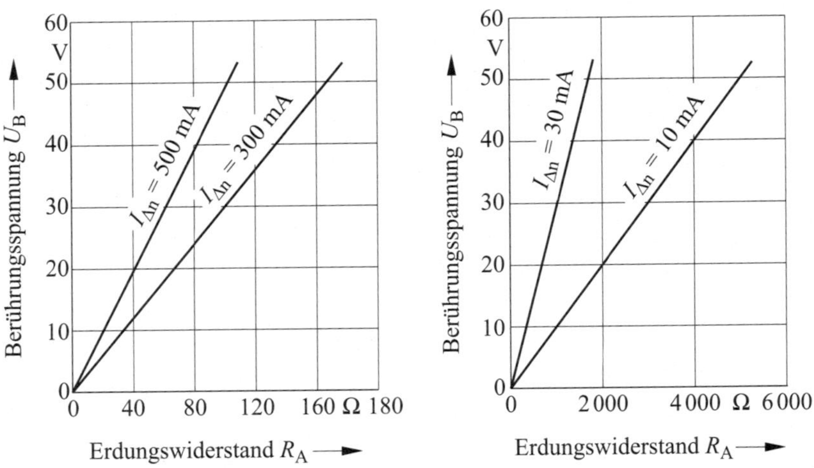

Bild 13.16 Berührungsspannung U_B in Abhängigkeit vom Erdungswiderstand R_A für die Bemessungsdifferenzströme $I_{\Delta n}$ = 10 mA, 30 mA, 300 mA und 500 mA

13.9.1.2 Fehlerstrom I_F zu hoch

Ist der bei der Prüfung fließende Fehlerstrom I_F größer als der Bemessungsdifferenzstrom $I_{\Delta n}$ der Fehlerstrom-Schutzeinrichtung (RCD), so sind zwei Fehlerquellen möglich. Entweder liegt ein Schluss zwischen Neutral- und Schutzleiter vor (**Bild 13.17**) oder die Fehlerstrom-Schutzeinrichtung (RCD) ist defekt.

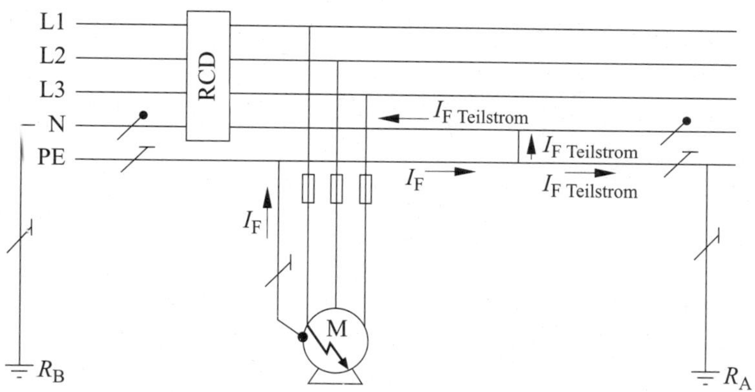

Bild 13.17 Verbindung zwischen Schutzleiter und Neutralleiter nach der Fehlerstrom-Schutzeinrichtung (RCD)

Getrennte Verlegung von Neutral- und Schutzleiter

Zunächst muss geprüft werden, ob Schutz- und Neutralleiter gegeneinander isoliert sind. Diese Fehlerursache wäre bei einer vorangestellten Isolationswiderstandsmessung (siehe Kapitel 8 dieses Buchs) bereits festgestellt worden. Bei der Installation kann es vorkommen, dass Schutz- und Neutralleiter nach der Fehlerstrom-Schutzeinrichtung (RCD) versehentlich verbunden werden, z. B. durch einen Schaltungsfehler oder unsaubere Installation in Verbindungsdosen. Solch ein Fehler kann aber auch nachträglich, d. h. nach der Errichtung, in die Installationsanlage eingebracht werden, z. B. durch den unkorrekten Anschluss von Leuchten bei Eigenleistungen des Wohnungsinhabers. Die Wirksamkeit der Schutzmaßnahme mit Fehlerstrom-Schutzeinrichtung (RCD) ist dann nicht mehr gegeben.

Teilströme

Der Fehlerstrom I_F wird nun nicht mehr voll über den Anlagenerder R_A, sondern zum Teil über den Neutralleiter N mit seinem meist viel kleineren Widerstand und damit über die Fehlerstrom-Schutzeinrichtung (RCD) zurückfließen. Genauer gesagt wird sich der Fehlerstrom I_F entsprechend den vorliegenden Widerstandsverhältnissen aufteilen. Da die Widerstandswerte des Betriebserders R_B im Verhältnis zu den Widerstandswerten des Anlagenerders R_A klein sind, fließt nur ein Teilstrom über den Anlagenerder R_A ab (**Bild 13.18**).

Brücke zwischen PE und N aus Bild 13.17

I_F Teilstrom — I_F Teilstrom

N — R_B $(R_B \ll R_A)$ — R_A $(R_A \gg R_B)$ — E

I_F

PE

Bild 13.18 Aufteilung des Fehlerstroms an der Fehlerstelle (Beispiel)

Zu hoher Fehlerstrom

Bei Auftreten eines unzulässig hohen Fehlerstroms I_F in der Anlage kann nun der Fall eintreten, dass keine Auslösung stattfindet. Das Nichtauslösen ergibt sich immer, wenn der über die Fehlerstrom-Schutzeinrichtung (RCD) fließende Teil des Fehlerstroms unterhalb der Ansprechschwelle der Fehlerstrom-Schutzeinrichtung (RCD) bleibt.

Isolationswiderstand messen

Zur Feststellung solch eines Schlusses zwischen Neutral- und Schutzleiter ist die Fehlerstrom-Schutzeinrichtung (RCD) auszuschalten und der Isolationswiderstand zwischen Neutralleiter (nach der Fehlerstrom-Schutzeinrichtung (RCD)) und dem Schutzleiter zu messen. Es muss der erforderliche Isolationswiderstand (z. B. bei $U_0 \leq 1\,000$ V = 1 MΩ) erreicht werden. Wird eine niederohmige Verbindung festgestellt, ist diese zu suchen und zu beseitigen.

Ausfall der Fehlerstrom-Schutzeinrichtung (RCD)

Ergibt die Messung einen hochohmigen Widerstand zwischen Schutz- und Neutralleiter, d. h. die erforderlichen Isolationswiderstandswerte sind eingehalten, so ist die Fehlerstrom-Schutzeinrichtung (RCD) nicht mehr in Ordnung und ist auszutauschen. Die Fehlerstrom-Schutzeinrichtung (RCD) ist danach auf ihre Funktionsfähigkeit erneut zu prüfen.

Den vorgenannten Ausführungen ist zu entnehmen, dass die Prüfung der Wirksamkeit der Fehlerstrom-Schutzeinrichtung (RCD) auch die Isolationswiderstandsmessung zwischen den Neutralleitern und den Schutzleitern der Anlage beinhalten muss.

13.9.2 Ungewollte Auslösung bei der Prüfung

Bei bestimmten Fehlerkonstellationen kann es vorkommen, dass die Fehlerstrom-Schutzeinrichtung (RCD) bereits auslöst, wenn bei den Messgeräten mit der Impulsmethode (**Methode B**) die Berührungsspannung gemessen wird oder bei den Messgeräten mit ansteigendem Prüfstrom (**Methode A**) die Starttaste gedrückt wird.

13.9.2.1 Falsche Einstellung des Messbereichs am Messgerät

Hierbei handelt es sich um einen reinen Bedienfehler beim Bedienen des Messgeräts. Zur ungewollten Auslösung der Fehlerstrom-Schutzeinrichtung (RCD) führt ein zu groß gewählter Messbereich am Messgerät. Der eingestellte Messbereich ist dann größer als der Bemessungsdifferenzstrom $I_{\Delta n}$ der Fehlerstrom-Schutzeinrichtung (RCD).

13.9.2.2 Vorbelastung des Schutzleiters

Eine Vorbelastung des Schutzleiters liegt dann vor, wenn bereits vor der Prüfung, z. B. durch Ableitströme, eine Spannung zwischen Schutzleiter und neutraler Erde vorhanden ist, die aber so klein ist, dass die Fehlerstrom-Schutzeinrichtung (RCD) gerade nicht anspricht. Die vorbelastende Fehlerspannung U_V kann innerhalb der durch die Fehlerstrom-Schutzeinrichtung (RCD) zu schützenden Anlage selbst erzeugt werden oder auch über den Schutzleiter von einem Anlageteil vor der Fehlerstrom-Schutzeinrichtung (RCD) eingeschleppt werden (siehe Bild 13.13). Sie wird oft von einem angeschlossenen Verbrauchsmittel verursacht. Dies erfolgt selbst dann, wenn das Verbrauchsmittel zwar ausgeschaltet, aber noch angeschlossen ist.

Betriebsmäßige Fehlerspannung

Bei einer vorbelasteten Anlage hat also der Schutzleiter bzw. der Körper des zu schützenden Betriebsmittels schon vor der Prüfung eine Spannung gegen Erde. Bei der Messschaltung mit Sonde zeigt der Spannungsmesser solche vorbelastenden Fehlerspannungen U_V sofort an.

Im Gegensatz dazu wird bei der Messschaltung ohne Sonde die vorbelastende Spannung U_V zwischen Schutzleiter und Erde nicht bemerkt, sie wird also immer als Fehler bei der Messung der Berührungsspannung U_B eingehen. Die Gefahr, dass solche Verhältnisse vorliegen, ist insbesondere dann gegeben, wenn das Voltmeter vor Einschalten des Prüfwiderstands eine normalerweise niedrigere Spannung zwischen Außen- und Schutzleiter als zwischen Außen- und Neutralleiter anzeigt.

Eine Vorbelastung des Schutzleiters kann dazu führen, dass bei Prüfbeginn es zu Fehlauslösungen kommen kann, da die Fehlerstrom-Schutzeinrichtung (RCD) wegen der Vorbelastung gegebenenfalls schon kurz vor der Auslösung steht.

13.9.3 Ursachen für die Nichtauslösung bei der Prüfung

Für die Nichtauslösung bei der Prüfung gibt es eine Anzahl von Fehlermöglichkeiten.

13.9.3.1 Erdungswiderstand R_A zu hoch

An erster Stelle ist hier an die Erprobung gedacht. Löst die Fehlerstrom-Schutzeinrichtung (RCD) bei der Betätigung der Prüftaste T nicht aus, so ist entweder die Fehlerstrom-Schutzeinrichtung (RCD) unvollständig bzw. falsch angeschlossen oder sie hat einen mechanischen Fehler.

13.9.3.2 Falsche Einstellung des Messbereichs am Messgerät

Hier handelt es sich um einen reinen Bedienfehler beim Bedienen des Messgeräts. Im Gegensatz dazu, wo ein zu groß gewählter Messbereich zu einer ungewollten Auslösung der Fehlerstrom-Schutzeinrichtung (RCD) führt, kommt es bei einem zu klein eingestellten Messbereich des Messgeräts – der eingestellte Messbereich ist kleiner als der Bemessungsdifferenzstrom $I_{\Delta n}$ – zu keiner Auslösung.

13.9.3.3 Zu hoher Erderwiderstand R_A im TT-System

Bei einem zu hohen Erderwiderstand R_A im TT-System wird der zur Auslösung erforderliche Fehlerstrom I_F nicht erreicht. Ein solcher Fehler hat praktisch nur bei Fehlerstrom-Schutzeinrichtungen (RCDs) mit einem Bemessungsdifferenzströmen $I_{\Delta n}$ von 0,3 A und 0,5 A Bedeutung, da die für niedrigere Bemessungsdifferenzströme maximal zulässigen Erdungswiderstände R_A in der Praxis problemlos erreicht werden.

13.9.3.4 Unterbrechung des Schutzleiters PE im TN-System vor der Fehlerstrom-Schutzeinrichtung (RCD)

Sofern in einem TN-System der Schutzleiter PE vor der Fehlerstrom-Schutzeinrichtung (RCD) unterbrochen oder nicht einwandfrei mit dem PEN-Leiter verbunden ist, kann die Fehlerstrom-Schutzeinrichtung (RCD) nicht auslösen.

13.9.3.5 Verbindung zwischen Neutralleiter N und Schutzleiter PE

Wenn Schutz- und Neutralleiter nach der Fehlerstrom-Schutzeinrichtung (RCD) z. B. durch einen Schaltungsfehler verbunden sind (siehe Bild 13.21), ist die Wirksamkeit der Fehlerstrom-Schutzeinrichtung (RCD) nicht gegeben.

Keine Auslösung

Beim erforderlichen Nachweis, dass die Fehlerstrom-Schutzeinrichtung (RCD) mindestens bei Erreichen ihres Bemessungsdifferenzstroms $I_{\Delta n}$ auslöst ($I_{\Delta} \leq I_{\Delta n}$), kann es vorkommen, dass keine Auslösung erfolgt. Der bei der Prüfung simulierte Fehlerstrom wird nicht mehr voll über den Anlagenerder R_A, sondern zum Teil über den Neutralleiter N mit seinem meist viel kleineren Widerstand und damit über die Fehlerstrom-Schutzeinrichtung (RCD) zurückfließen.

Simulierte Fehlerstrom

Der simulierte Fehlerstrom wird sich entsprechend den vorliegenden Widerstandsverhältnissen aufteilen. Da die Widerstandswerte des Betriebserders R_B im Verhältnis zu den Widerstandswerten des Anlagenerders R_A klein sind, fließt nur ein Teil des simulierten Fehlerstroms über den Anlagenerder R_A ab (siehe Bild 13.22). Liegt der über den Anlagenerder R_A fließende Teil des simulierten Prüfstroms unter der Ansprechschwelle der Fehlerstrom-Schutzeinrichtung, so löst die Fehlerstrom-Schutzeinrichtung (RCD) während der Prüfung nicht aus.

Diese Fehlerursache wäre bei einer vorangestellten Isolationswiderstandsmessung (siehe auch Kapitel 8 dieses Buchs) bereits festgestellt worden.

13.9.3.6 Überbrückung der Fehlerstrom-Schutzeinrichtung (RCD)

Bei einer Überbrückung der Fehlerstrom-Schutzeinrichtung (RCD) werden die Primärwicklungen (zwei bei der zweipoligen, vier bei der vierpoligen Fehlerstrom-Schutzeinrichtung) kurzgeschlossen. Das Wirkungsprinzip der Fehlerstrom-Schutzeinrichtung (RCD) ist nicht mehr gegeben. Sie kann während der Prüfung nicht auslösen.

13.9.3.7 Fehlerstrom auf den bei der Prüfung nicht benutzten Außenleitern (vierpolige Fehlerstrom-Schutzeinrichtung)

Werden bei einer vierpoligen Fehlerstrom-Schutzeinrichtung (RCD) alle drei Außenleiter und der Neutralleiter erfasst, kann es vorkommen, dass bei der Prüfung der Auslösung die Fehlerstrom-Schutzeinrichtung (RCD) nicht auslöst, weil die nicht für die Prüfung benutzten Außenleiter Fehlerströme führen (die unterhalb der Auslöseschwelle liegen). Der simulierte Fehlerstrom führt zur Symmetrierung und somit nicht zur Auslösung.

Wird der Nachweis, dass die Fehlerstrom-Schutzeinrichtung (RCD) mindestens bei Erreichen ihres Bemessungsdifferenzstroms $I_{\Delta n}$ auslöst, an den anderen Außenleitern durchgeführt, kann ein solcher Fehler festgestellt werden.

13.10 Auswirkungen von Fehlern in der elektrischen Anlage auf das Verhalten von Fehlerstrom-Schutzeinrichtungen (RCDs) im Betrieb

13.10.1 Verbindung zwischen Neutralleiter N und Schutzleiter PE

Bei der Installation kann es vorkommen, dass Schutzleiter und Neutralleiter nach der Fehlerstrom-Schutzeinrichtung (RCD) versehentlich verbunden werden (siehe Bild 13.17).

So wie es vorkommen kann, dass bei einem solchen Fehler bei der Prüfung der Auslösung nicht erfolgt, kann der Fehler gleichermaßen aber auch zu ungewollten Auslösungen im praktischen Betrieb führen.

Unsymmetrische Belastung

Ein Teil des Betriebsstroms kann bei verschobenem Sternpunkt infolge unsymmetrischer Belastung ohne Weiteres über den Schutzleiter und den Anlagenerder R_A abfließen. Die Höhe des über den Anlagenerder R_A abfließenden Stroms wird durch dessen Erdungswiderstand R_A bestimmt. Liegt der über den Anlagenerder R_A, fließende Teil des Betriebsstroms über der Ansprechschwelle der Fehlerstrom-Schutzeinrichtung (RCD), so löst diese ungewollt während des Betriebs aus. Die Betriebssicherheit ist nicht mehr gegeben.

Spannungsfall am Neutralleiter N

Außerdem fließen bei einer gegebenenfalls vorliegenden größeren Spannung zwischen Neutralleiter und Erde – bedingt durch den Spannungsfall am Netzneutralleiter – und gleichzeitiger fehlerhafter Verbindung zwischen Schutz- und Neutralleiter in der Anlage nach der Fehlerstrom-Schutzeinrichtung (RCD) Ströme vom Netzneutralleiter über Fehlerstrom-Schutzeinrichtungen (RCDs) und Schutzleiter gegen Erde ab.

Netzneutralleiter

Da dadurch das Summenstromprinzip wieder gestört wird, löst die Fehlerstrom-Schutzeinrichtung (RCD) aus, obwohl aus der geschützten Anlage kein unzulässig hoher Fehlerstrom I_F herrührt (**Bild 13.19**). In solch einem Fall wird sich die Fehlerstrom-Schutzeinrichtung (RCD) auch bei ausgeschalteter Überstromschutzeinrichtung vor der Fehlerstrom-Schutzeinrichtung (RCD) nicht einschalten lassen, da die Ströme vom Netzneutralleiter in die Anlage verschleppt werden.

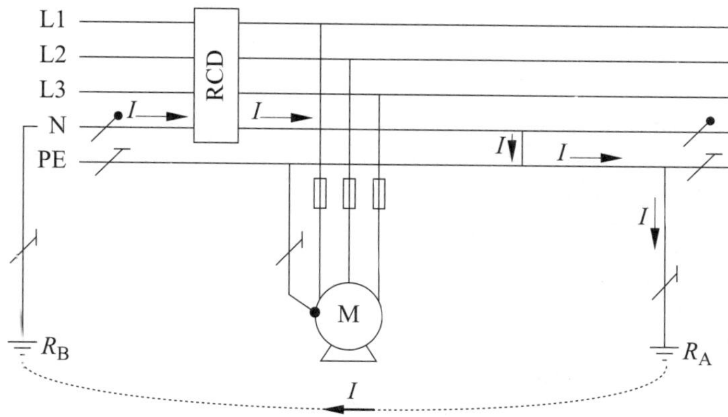

Bild 13.19 Verbindung zwischen Schutzleiter und Neutralleiter nach der Fehlerstrom-Schutzeinrichtung und gleichzeitigem unterschiedlichen Potential zwischen PE und N

Beim zusätzlichen Schutz im TN-System mit einer Fehlerstrom-Schutzeinrichtung (RCD) wird bei Vorliegen eines Kurzschlusses zwischen Schutz- und Neutralleiter der betriebsmäßige Strom über Neutral- und Schutzleiter zu gleichen Teilen zurückfließen und somit die Hälfte des vorhandenen Betriebsstroms die Fehlerstrom-Schutzeinrichtung (RCD) umgehen (**Bild 13.20**). Das Summenstromprinzip ist gestört, die Fehlerstrom-Schutzeinrichtung löst gegebenenfalls ungewollt aus. Die Betriebssicherheit ist nicht mehr gegeben.

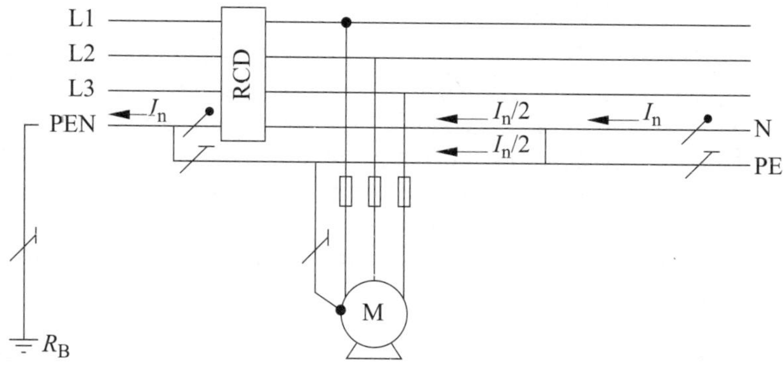

Bild 13.20 Verbindung zwischen Schutzleiter und Neutralleiter nach der Fehlerstrom-Schutzeinrichtung im TN-System

13.10.2 Verbindung zwischen den Neutralleitern verschiedener Fehlerstrom-Schutzeinrichtungen (RCDs)

Auch bei einer unzulässigen Verbindung eines Neutralleiters mit dem Neutralleiter eines anderen RCD-Stromkreises fließt über den Neutralleiter des Kreises mit den abgeschalteten Überstromschutzeinrichtungen ein Strom (**Bild 13.21**).

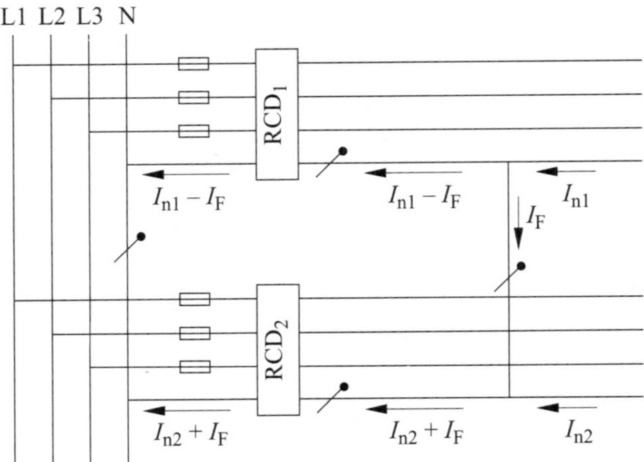

Bild 13.21 Verbindung zwischen den Neutralleitern verschiedener Fehlerstrom-Schutzeinrichtungen

Unkontrollierte Neutralleiterströme

Der Neutralleiterstrom teilt sich völlig unkontrollierbar auf, und die Fehlerstrom-Schutzeinrichtung (RCD) mit dem kleinsten Bemessungsdifferenzstrom $I_{\Delta n}$ löst aus. Bei gleichen Bemessungsdifferenzströmen löst die Fehlerstrom-Schutzeinrichtung (RCD) mit der geringeren Ansprechempfindlichkeit aus, d. h. mit dem kleineren Auslösestrom I_{Δ}. Auch ein verschobener Sternpunkt infolge unsymmetrischer Belastung in der Verbraucheranlage kann in solch einem Fall zu einem auslösenden Fehlerstrom I_F führen und die Fehlerstrom-Schutzeinrichtung (RCD) ungewollt zum Auslösen bringen. Die Betriebssicherheit ist nicht mehr gegeben.

Fehlerstrom-Schutzeinrichtungen (RCDs) ausschalten

Zur Feststellung solch einer Verbindung von Neutralleitern verschiedener Fehlerstrom-Schutzeinrichtungskreise sind die Fehlerstrom-Schutzeinrichtungen (RCDs) auszuschalten und der Isolationswiderstand zwischen den Neutralleitern der verschiedenen Kreise der Anlage zu messen.

13.10.3 Hohe Berührungsspannung trotz einwandfreiem Erdungswiderstand R_A

Eine weitere Fehlermöglichkeit, die aber nicht der Fehlerstrom-Schutzeinrichtung (RCD) anzulasten ist, ergibt sich durch eine Spannungsverschleppung aus der Anlage vor der Fehlerstrom-Schutzeinrichtung (RCD) auf den Schutzleiter.

Fehlerstrom-Schutzeinrichtung (RCD) schaltet nicht ab

Durch die zulässigen hohen Erdungswiderstände R_A – z. B. 1 666 Ω für die Fehlerstrom-Schutzeinrichtung (RCD) mit Bemessungsdifferenzstrom 30 mA (siehe auch Kapitel 13.4 dieses Buchs) – kann sich am Schutzleiter leicht eine Spannung aufbauen, wenn vor der Fehlerstrom-Schutzeinrichtung (RCD) eine hochohmige Verbindung, z. B. durch einen Isolationsfehler, zwischen einem Außen- und dem Schutzleiter besteht. In einem solchen Fall wird trotz einer gegebenenfalls unzulässig hohen Fehlerspannung die Fehlerstrom-Schutzeinrichtung (RCD) nicht abschalten, die Fehlerspannung bleibt aber auch bei abgeschalteter Fehlerstrom-Schutzeinrichtung bestehen (**Bild 13.22**).

Der Fehler tritt bei hohen (zulässigen) Erdungswiderständen auf, die bei Verwendung von Fehlerstrom-Schutzeinrichtungen (RCDs) mit Differenzfehlerströmen von 10 mA und 30 mA erlaubt sind, auf. Daher sollten besonders bei Verwendung dieser Fehlerstrom-Schutzeinrichtungen (RCDs) die Erdungswiderstände wesentlich kleiner als die vorgegebenen Werte.

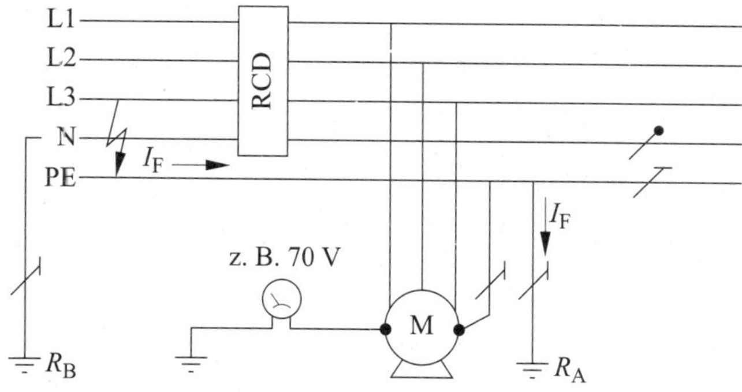

Bild 13.22 Spannungsverschleppung trotz einwandfreiem Erdungswiderstand R_A und fehlerfreier Fehlerstrom-Schutzeinrichtung

13.10.4 Vertauschte Schutzleiter PE und Neutralleiter N

Werden Schutzleiter und Neutralleiter in der Installationsanlage vertauscht (**Bild 13.23**), macht sich ein solcher Fehler sofort durch das Auslösen der Fehlerstrom-Schutzeinrichtung (RCD) bemerkbar, da der Strom des Verbrauchers zum Fehlerstrom wird.

Voraussetzung für die Fehlauslösung ist, dass ein Verbrauchsmittel angeschlossen ist, dessen Betriebsstrom oberhalb der Auslöseschwelle der Fehlerstrom-Schutzeinrichtung (RCD) liegt.

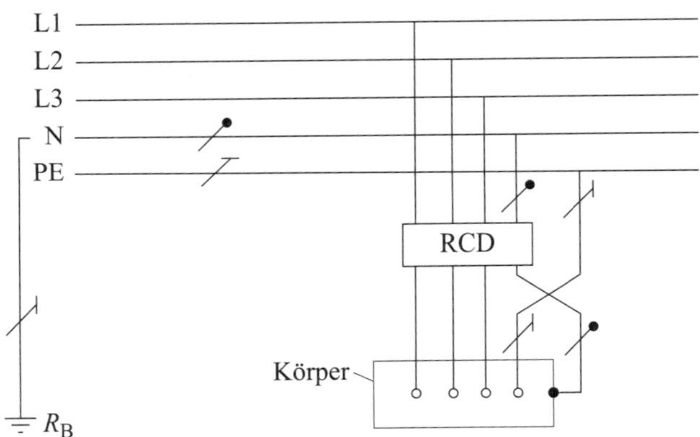

Bild 13.23 Schutzleiter PE und Neutralleiter N in der Installationsanlage vertauscht

Fehlerstrom-Schutzeinrichtungen (RCDs) mit einem Bemessungsdifferenzstrom von 10 mA oder 30 mA werden auch bei Verbrauchsmitteln mit kleinen Leistungen auslösen. Dagegen können Fehlerstrom-Schutzeinrichtungen (RCDs) mit Bemessungsdifferenzströmen 0,3 A und 0,5 A bei Verbrauchsmitteln mit kleinen Leistungen nicht auslösen. Für den Bemessungsdifferenzstrom 0,5 A ergibt sich eine Leistung von 0,5 A · 230 V = 115 W als Grenzwert. Der Fehler kann durch eine Prüfung der niederohmigen Verbindung des Schutzleiters (siehe auch Kapitel 9 dieses Buchs) geortet werden.

13.11 Fragen zum Anschluss und Einsatz von Fehlerstrom-Schutzeinrichtungen (RCDs)

13.11.1 Kann eine vierpolige Fehlerstrom-Schutzeinrichtung (RCD) auch zweipolig angeschlossen werden?

Eine vierpolige Fehlerstrom-Schutzeinrichtung (RCD) kann problemlos auch zweipolig angeschlossen und verwendet werden. Allerdings ist darauf zu achten, dass der Pol für den Außenleiter benutzt wird, an dem der Prüfwiderstand angeschlossen ist, siehe **Bild 13.24**. Wird ein anderer Pol benutzt, ist die Prüfeinrichtung wirkungslos. Die erforderliche Erprobung kann dann nicht erfolgen.

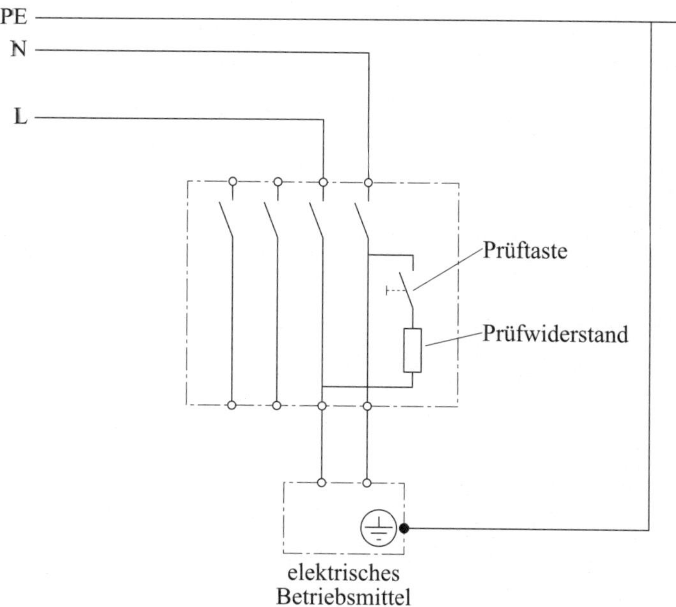

Bild 13.24 Verwendung eines vierpoligen RCD an einem einphasigen Verbraucher

13.11.2 Ist eine bestimmte Anschlussrichtung einzuhalten?

Fehlerstrom-Schutzeinrichtungen (RCDs) können im praktischen Betrieb sowohl von unten als auch von oben angeschlossen werden. Das Einhalten einer bestimmten Anschlussrichtung ist somit nicht erforderlich. In der Praxis sollte der Anschluss der Fehlerstrom-Schutzeinrichtung (RCD) in der Verdrahtung in Abhängigkeit der Energieflussrichtung erfolgen.

13.11.3 Können Fehlerstrom-Schutzeinrichtungen (RCDs) auch im Dreileiternetz (ohne Neutralleiter) verwendet werden?

Das Wirkungsprinzip von Fehlerstrom-Schutzeinrichtungen (RCDs) arbeitet auch beim Einsatz in einem Dreileiternetz. Allerdings benötigt die Prüfeinrichtung den Anschluss an einen N-Leiter oder einem weiteren Außenleiter. Normalerweise ist in einer Unterverteilung eine N-Leiterschiene vorhanden. In solchen Fällen kann der N-Leiter an der Fehlerstrom-Schutzeinrichtung (RCD) angeschlossen werden, obwohl der N-Leiter nicht mit dem Verbraucher angeschlossen wird, siehe **Bild 13.25**.

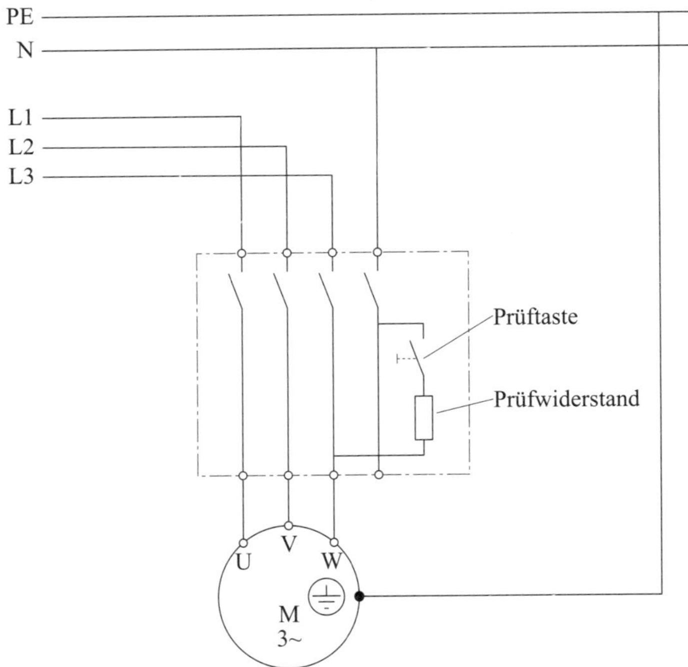

Bild 13.25 Verwendung eines vierpoligen RCD für einen dreiphasigen Verbraucher ohne N-Leiteranschluss

Ist in der Unterverteilung kein N-Leiter vorhanden, kann mittels Anpasswiderstand auch ein weiterer Außenleiter für den Prüfstromkreis verwendet werden, siehe **Bild 13.26**. Ein Anschluss ohne einen Anpasswiderstand ist in der Regel nicht zulässig, da der eingebaute Prüfwiderstand nur für eine Spannung von 230 V ausgelegt ist.

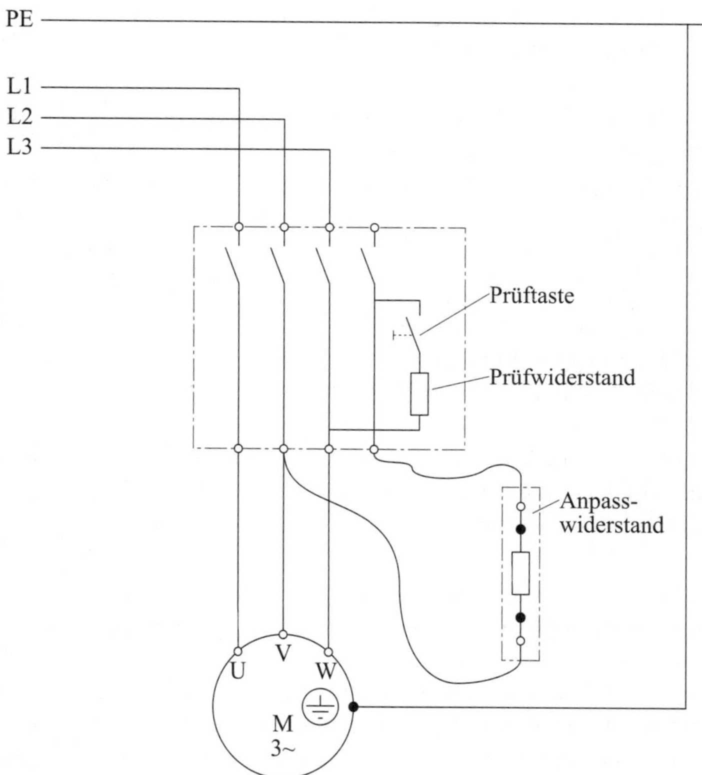

Bild 13.26 Verwendung eines vierpoligen RCD für einen dreiphasigen Verbraucher mit Anpasswiderstand

Welchen Widerstandswert der Anpasswiderstand haben muss, kann nur beim Hersteller der Fehlerstrom-Schutzeinrichtung (RCD) erfragt werden.

Beim Anschluss des Anpasswiderstands ist auf einen zulässigen Anschluss an die Fehlerstrom-Schutzeinrichtung (RCD) zu achten. Auf keinen Fall darf der Anpasswiderstand einfach an den Anschlussklemmen der Fehlerstrom-Schutzeinrichtung (RCD) „untergeklemmt" werden. Hier muss ein Anschlussträger für den Anpasswiderstand errichtet werden, von dessen Klemmen dann mit einem zulässigen Querschnitt der Anschluss an die Fehlerstrom-Schutzeinrichtung (RCD) erfolgen kann.

13.11.4 Können Fehlerstrom-Schutzeinrichtungen (RCDs) auch bei höheren Frequenzen eingesetzt werden?

Fehlerstrom-Schutzeinrichtungen (RCDs) vom Typ A können bei Frequenzen von 50 Hz bis 60 Hz eingesetzt werden.

In der Praxis kommen mitunter aber auch deutlich höhere Frequenzen vor, z. B. in Laboratorien, in der Fernmeldetechnik, in der Textilindustrie. An Montagebändern werden oft Schnellfrequenzwerkzeuge verwendet, z. B. Schrauber mit einer Frequenz von 200 Hz, oft sogar 400 Hz.

Können durch elektrische Betriebsmittel im Fehlerfall Differenzfehlerströme mit einer Frequenz von bis zu 1 kHz auftreten, müssen Fehlerstrom-Schutzeinrichtungen (RCDs) vom Typ B eingesetzt sein, bei Differenzfehlerströmen mit einer Frequenz bis 20 kHz der Typ B+.

Für elektrische Anlagen mit einer höheren Bemessungsfrequenz müssen Fehlerstrom-Schutzeinrichtungen (RCDs) vom Typ B eingesetzt sein, die z. B. bei einer Bemessungsfrequenz von 400 Hz wirksam sind.

13.11.5 Arbeiten Fehlerstrom-Schutzeinrichtungen (RCDs) auch bei Spannungen unterhalb der Bemessungsspannung ordnungsgemäß?

Die Auslösung von Fehlerstrom-Schutzeinrichtungen (RCDs) entsprechend DIN EN 61008-1 (**VDE 0664-10**) und DIN EN 61009-1 (**VDE 0664-20**) funktionieren unabhängig von der Netzspannung und könnten daher auch bei Spannungen unterhalb der Bemessungsspannung wirksam sein. Dennoch können sie nicht bei einer anderen als der Bemessungsspannung außerhalb des Toleranzbereichs eingesetzt werden, da der Prüfstrom der Prüfeinrichtung bei einer zu niedrigen Spannung nicht die Größe des erforderlichen Werts des Bemessungsdifferenzstroms erreichen kann.

Prüfeinrichtung benötigt Bemessungsspannung

Die Prüfeinrichtung muss entsprechend den genannten Normen bei 0,85-facher und 1,1-facher Bemessungsspannung noch wirksam sein. Würde eine Fehlerstrom-Schutzeinrichtung (RCD) unterhalb der 0,85-fachen Nennspannung eingesetzt, so würde das Wirkungsprinzip zwar funktionieren, nicht aber die Prüfeinrichtung. Ein solcher Einsatz darf also nicht erfolgen, falls die Hersteller von Fehlerstrom-Schutzeinrichtungen (RCDs) hierzu keine weiteren Angaben machen.

13.12 Auswirkung von pulsierenden Gleichfehlerströmen elektrischer Betriebsmittel auf das Verhalten von Fehlerstrom-Schutzeinrichtungen (RCDs)

13.12.1 Allgemeines

Seit vielen Jahren wird vermehrt elektrische Betriebsmittel mit einer Leistungselektronik an elektrischen Anlagen, auch in Haushaltsgeräten, angeschlossen. Solche Betriebsmittel können aufgrund ihrer gesteuerten oder ungesteuerten Leistungshalbleiter unsymmetrische und nichtsinusförmige Fehlerströme verursachen. Diese können die Ansprechempfindlichkeit von Fehlerstrom-Schutzeinrichtungen (RCDs) nachteilig beeinflussen, mitunter sogar ganz aufheben. So kann die Auslösung gegebenenfalls selbst bei Überschreiten des Bemessungsdifferenzstroms um ein Vielfaches verhindert sein.

13.12.2 Prinzip der Beeinflussung

Die negative Beeinflussung durch Gleichfehlerströme bei Fehlerstrom-Schutzeinrichtungen (RCDs) älterer Generation ergibt sich aus dem Wirkungsprinzip.

Differenzmagnetfluss

Sie beruht darauf, dass im Magnetkern des Summenstromwandlers die sich durch die Ströme von Hin- und Rückleiter ergebenden Magnetflüsse im ungestörten Betrieb aufheben. Bei Auftreten eines Fehlerstroms bringt dieser die Magnetflüsse aus dem Gleichgewicht. Durch den nun vorhandenen Differenzmagnetfluss wird in der Sekundärspule des Wandlers eine Spannung induziert. In Abhängigkeit von der Höhe dieser Spannung spricht der an die Sekundärwicklung angeschlossene Auslöser an.

Wirkungsprinzip

Die Höhe der induzierten Spannung hängt von der Flussänderung im Wandlerkern ab. Die größte Spannung entsteht, wenn bei sinusförmigem Wechselfehlerstrom die Hystereseschleife des Wandlerkerns vom positiven bis zum negativen Sättigungswert durchlaufen wird (**Bild 13.27**). Die Induktion im Wandlerkern folgt dem Strom nicht linear. Nach der Magnetisierung, d. h. nach Rückgang des Stroms auf null, verbleibt immer ein mehr oder weniger großer Restmagnetismus (Remanenz). Bei Wechselstrom wird der Restmagnetismus innerhalb einer Periode durch die jeweils entgegengerichtete Stromhalbschwingung wieder abgebaut. Innerhalb einer vollständigen Wechselstromperiode durchläuft die Induktion somit den Induktionshub B.

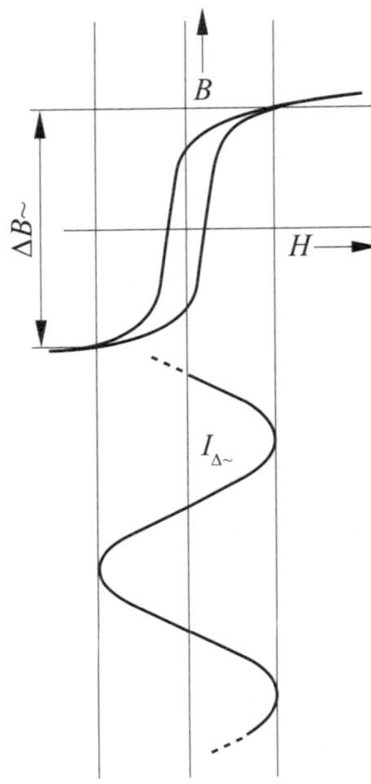

B Induktion,
H Feldstärke,
$\Delta B\sim$ Induktionshub bei Wechselfehlerstrom,
$I_{\Delta\sim}$ Wechselfehlerstrom

Bild 13.27 Induktionshub bei Magnetisierung des Wandlerkerns eines Summenstromwandlers mit einem Wechselfehlerstrom

Pulsierender Gleichfehlerstrom

Bei pulsierendem Gleichfehlerstrom fehlt jedoch die Stromrichtungsumkehr. Wegen der fehlenden Entmagnetisierung durch die entgegengesetzte Stromhalbschwingung kann die Hystereseschleife nur vom Remanenzpunkt bis zur Sättigungsinduktion durchlaufen werden.

Damit sind der Induktionshub B und als Folge davon die induzierte Spannung in der Sekundärspule des Summenstromwandlers wesentlich geringer als bei der Magnetisierung durch sinusförmige Wechselfehlerströme (**Bild 13.28**). Der Magnetauslöser kann durch diese geringere Spannung gegebenenfalls nicht mehr auslösen.

Das gesicherte Auslösen der Fehlerstrom-Schutzeinrichtung (RCD) für symmetrische Wechselfehlerströme (Typ AC) ist nicht mehr gegeben. Im direkten Vergleich zwischen Induktionshub infolge Wechselfehlerstrom und Induktionshub durch pulsierenden Gleichfehlerstrom wird der Größenunterschied deutlich (siehe **Bild 13.29**).

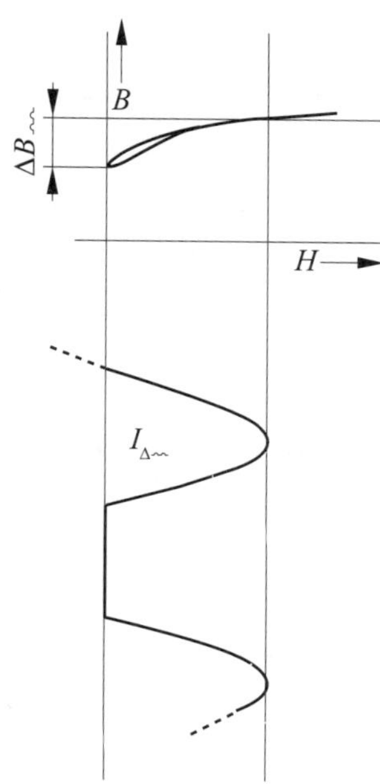

B Induktion,
H Feldstärke,
$\Delta B\sim\sim$ Induktionshub bei pulsierendem Gleichfehlerstrom,
$I_{\Delta\sim\sim}$ pulsierender Gleichfehlerstrom

Bild 13.28 Induktionshub bei Magnetisierung des Wandlerkerns eines Summenstromwandlers mit einem pulsierenden Gleichfehlerstrom

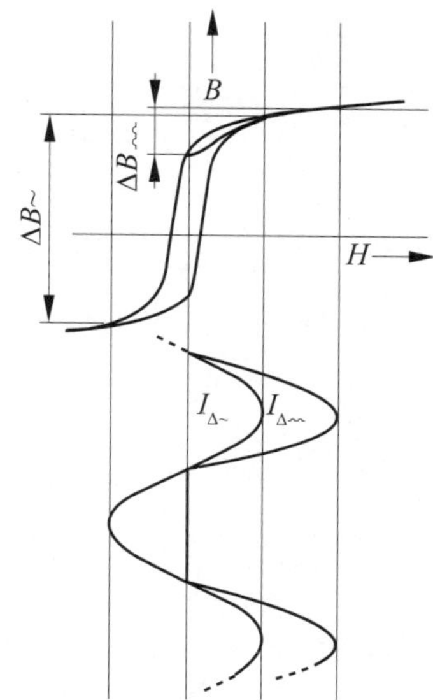

B Induktion,
H Feldstärke,
$\Delta B\sim$ Induktionshub bei Wechselfehlerstrom,
$\Delta B\sim\sim$ Induktionshub bei pulsierendem Gleichfehlerstrom,
$I_{\Delta\sim}$ Wechselfehlerstrom,
$I_{\Delta\sim\sim}$ pulsierender Gleichfehlerstrom

Bild 13.29 Induktionshub bei Magnetisierung des Wandlerkerns eines Summenstromwandlers; Vergleich Wechselfehlerstrom mit pulsierendem Gleichfehlerstrom

Pulsstromsensitiv

Die heutige Generation der pulsstromsensitiven Fehlerstrom-Schutzeinrichtungen (RCDs) für pulsierende Gleichfehlerströme hat besonders hochpermeable Wandlerkernwerkstoffe mit niedrigem Remanenzpunkt, also verminderter Remanenz (**Bild 13.30**). Die nutzbare Änderung der Induktion (Induktionshub) wird größer, damit auch die induzierte Spannung in der Sekundärspule des Summenstromwandlers. Der Magnetauslöser kann gesichert auslösen.

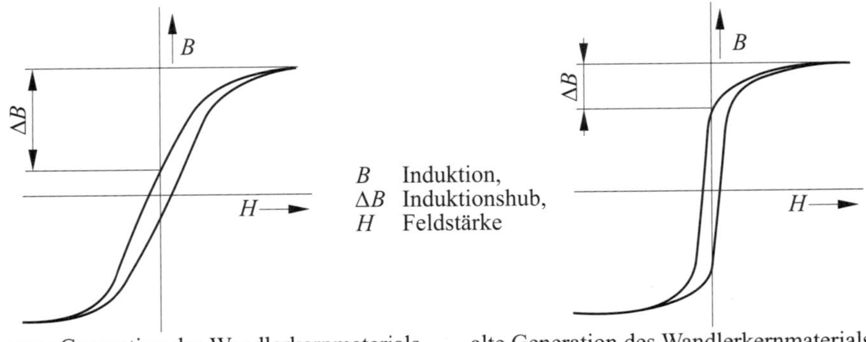

neue Generation des Wandlerkernmaterials (wechselstrom- und pulsstromsensitiv)

alte Generation des Wandlerkernmaterials (nur wechselstromsensitiv)

Bild 13.30 Induktionshub bei Magnetisierung des Wandlerkerns eines Summenstromwandlers mit pulsierendem Gleichfehlerstrom – Vergleich von Wandlerkernmaterialien alter und neuer Generation

Neue Wandlerkernwerkstoffe ermöglichen, dass in den Fällen, in denen der Fehlerstrom innerhalb einer Netzperiode null oder nahezu null wird, ein ausreichender Induktionshub ΔB die Auslösung gewährleistet (siehe **Tabelle 13.9**).

Typ	**Verursacher** (Beispiele)
Wellige Gleichfehlerströme > 0	• Einweggleichrichtung mit kapazitiver oder induktiver Glättung, • Drehstrom-Mittelpunkt- und Drehstrom-Brückenschaltung
Wellige Gleichfehlerströme ≥ 0	ohmsche Last bei: • Einweggleichrichtung ohne Glättung, • Einphasen-Brückenschaltung mit und ohne Glättung, • Phasenanschnittsteuerung symmetrisch und unsymmetrisch (Dimmer, Drehzahlsteller)
Wellige Gleichfehlerströme ≷ 0	induktive Last bei: • Einweggleichrichtung ohne Glättung, • Einphasen-Brückenschaltung mit und ohne Glättung, • Phasenanschnittsteuerung symmetrisch und unsymmetrisch (Dimmer, Drehzahlsteller)

Tabelle 13.8 Arten von Gleichfehlerströmen

13.12.3 Fehlerstrom-Schutzeinrichtungen (RCDs) der neuen Generation

Seit 1981 müssen Fehlerstrom-Schutzeinrichtungen (RCDs) neben Wechselfehlerströmen auch pulsierende Gleichfehlerströme erfassen und abschalten können. Diese Fehlerstrom-Schutzeinrichtungen (RCDs) sind durch ein Bildzeichen für die Art des Fehlerstroms kenntlich gemacht. Das Bildzeichen enthält das Zeichen für Wechsel- und Pulsstromsensitivität (**Bild 13.31**). Fehlerstrom-Schutzeinrichtungen (RCDs) vom Typ AC eignen sich nur zum Erfassen symmetrischer Wechselfehlerströme. Der Typ AC ist in Deutschland nicht zulässig. Außerdem sind solche Fehlerstrom-Schutzeinrichtungen (RCDs) nicht mit dem VDE-Zeichen gekennzeichnet.

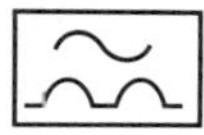

Typ A wechselstromsensitiv und pulsstromsensitiv

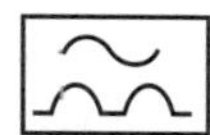
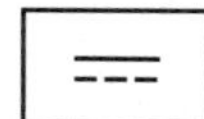

Typ B allstromsensitiv

Bild 13.31 Bildzeichen an Fehlerstrom-Schutzeinrichtungen (RCDs)

Glatte Gleichfehlerströme

Pulsstromsensitive Fehlerstrom-Schutzeinrichtungen (RCDs) schalten Wechsel- und pulsierende Gleichfehlerströme ab, die in jeder Periode der Netzspannung null oder fast null werden. Bei elektrischen Verbrauchsmitteln der Industrie werden jedoch häufig auch Leistungshalbleiter-Schaltungen eingesetzt, bei denen im Fehlerfall glatte Gleichfehlerströme oder Gleichfehlerströme mit geringer Restwelligkeit, z. B. bei Frequenzumrichtern auftreten können.

Allstromsensitiv

Solche Fehlerströme können von Fehlerstrom-Schutzeinrichtungen (RCDs) der Typen A und AC nicht erfasst und auch nicht abgeschaltet werden. Zur Erfassung und Abschaltung von solchen Gleichfehlerströmen wurden spezielle „allstromsensitive" RCDs (Typ B) entwickelt.

Bei den Fehlerstrom-Schutzeinrichtungen vom Typ B unterscheidet man zwei verschiedene Arten. Der Typ B ist in der Lage, Fehlerströme bis zu einer Frequenz von 1 kHz zu erkennen. Der Typ B+ kann Fehlerströme bis zu einer Frequenz von 20 kHz erkennen.

Die Kennzeichnung an den Geräten erfolgt mit den Symbolen beim Typ B und mit den Symbolen kHz beim Typ B+.

Zwei Summenstromwandler

Der prinzipielle Aufbau solcher allstromsensitiver Fehlerstrom-Schutzeinrichtungen (RCDs) besteht zum einen aus einem Summenstromwandler, der wie beim Typ A wechsel- und pulsstromsensitive Fehlerströme erfasst. Daneben gibt es einen zweiten Summenstromwandler, der glatte Gleichfehlerströme erfasst und über eine Elektronikeinheit auswertet.

Prüfung von Fehlerstrom-Schutzeinrichtungen (RCDs) vom Typ B/B+

Die Prüfung von allstromsensitiven Fehlerstrom-Schutzeinrichtungen (RCDs) erfolgt nach der Errichtung mit modernen Prüfgeräten, wobei die Prüfung mit glatten Gleichstrom durchgeführt wird. Für die übrigen Nachweise muss man sich auf die Werksprüfung des Herstellers abstützen.

13.12.4 Anforderungen aus den Normen für das Errichten von Niederspannungsanlagen

Eine Prüfung, ob die pulsstromsensitive Fehlerstrom-Schutzeinrichtungen (RCDs) innerhalb der zulässigen Werte des Auslösestroms (obere Ansprechgrenze $1{,}4 \cdot I_{\Delta n}$) bei pulsierenden Gleichfehlerströmen abschalten, ist im Rahmen der Prüfung der Schutzmaßnahmen mit Fehlerstrom-Schutzeinrichtungen (RCDs) nicht erforderlich. Die Pulsstromempfindlichkeit einer Fehlerstrom-Schutzeinrichtung (RCD) ist in DIN EN 61008-1 (**VDE 0664-10**) [72] und 61009-1 (**VDE 0664-20**) [73] festgelegt.

Pulsierende Gleichfehlerströme

Bei pulsierenden Gleichfehlerströmen wurde die obere Ansprechgrenze auf $1{,}4 \cdot I_{\Delta n}$ festgelegt, da Gleichfehlerströme für den Menschen weniger gefährlich sind als Wechselfehlerströme. Fehlerstrom-Schutzeinrichtungen (RCDs) vom Typ A müssen somit auslösen, wenn bei einem reinen Wechselfehlerstrom der Bemessungsdifferenzstrom $I_{\Delta n}$ und bei einem pulsierenden Gleichfehlerstrom der 1,4-fache Wert des Bemessungsdifferenzstroms überschritten wird.

Überlagerungen

Bei Überlagerungen mit einem glatten Gleichfehlerstrom von 6 mA darf der Auslösewert von 6 mA höher liegen. Exakte Angaben über Art und Form der in Installationsanlagen zulässigen Gleichfehlerströme – sie können von Fehlerstrom-Schutzeinrichtungen (RCDs) vom Typ B erfasst und abgeschaltet werden – enthält DIN EN 50178 (**VDE 0160**) [12]. Siehe **Bild 13.32**.

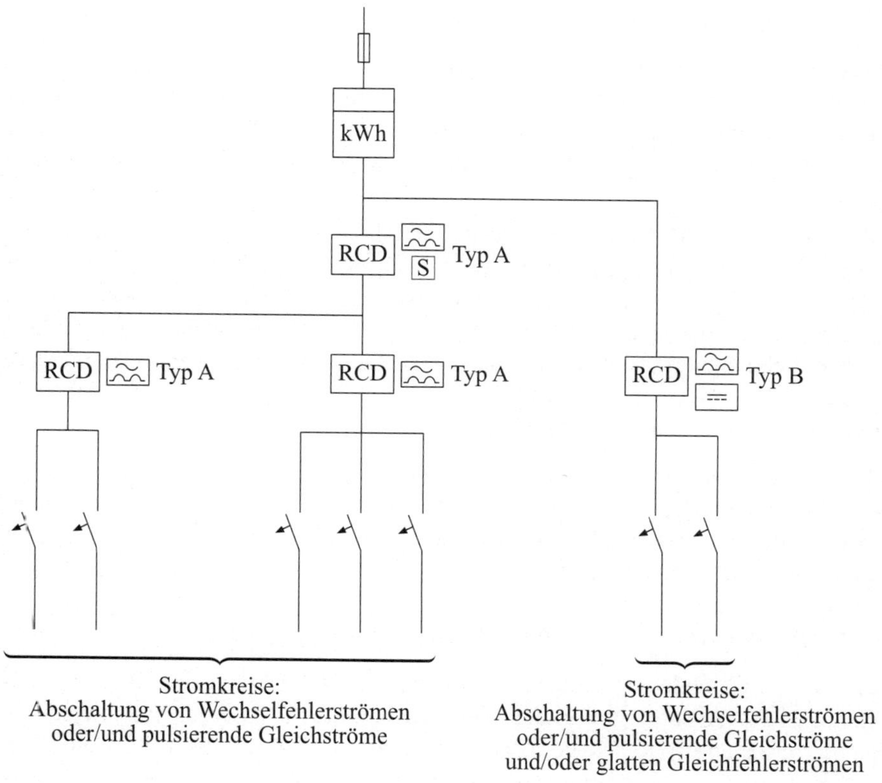

Bild 13.32 Anordnung einer Fehlerstrom-Schutzeinrichtung (RCD) vom Typ B in einer elektrischen Anlage

Verträglichkeit prüfen

Diese Norm behandelt auch den Schutz bei glatten Gleichfehlerströmen durch Fehlerstrom-Schutzeinrichtungen (RCDs) des Typs B. Nach dieser Norm ist bei Vorhandensein von Fehlerstrom-Schutzeinrichtungen (RCDs) beim festen Anschluss eines elektronischen Betriebsmittels (EB) mit der elektrischen Anlage dessen Verträglichkeit mit der Fehlerstrom-Schutzeinrichtung (RCDs) zu überprüfen. Hierzu sind die Herstellerangaben zu prüfen.

Blockierung Typ A

Bei elektronischen Betriebsmitteln mit Stromrichtern in Sechspuls-Brückenschaltung können bei einem Körperschluss Gleichfehlerströme auftreten, die die Funktion von Fehlerstrom-Schutzeinrichtungen des Typs A oder AC blockieren. In solchen Fällen muss für den Schutz eine Fehlerstrom-Schutzeinrichtung (RCDs) des Typs B eingebaut sein.

DIN EN 50178 (**VDE 0160**) enthält auch Anforderungen, unter welchen Bedingungen Betriebsmittel in elektrischen Anlagen mit Wechsel- und Drehstromnetzen hinsichtlich des Gleichfehlerstroms genügen müssen. Grundsätzlich darf das Ansprechen einer Fehlerstrom-Schutzeinrichtung (RCD) in Reihe mit einem elektronischen Betriebsmittel nicht durch einen Gleichstromanteil im Fehlerstrom verhindert werden.

Steckbare elektrische Betriebsmittel

Grundsätzlich kann bei der Erstprüfung einer elektrischen Anlage nur festangeschlossenen Verbraucher in die Prüfung einbezogen werden. Welche Verbraucher später über Steckdosen mit der elektrischen Anlage verbunden werden, kann vorher nicht festgelegt werden, höchsten erahnt werden.

Verträglichkeit mit Fehlerstrom-Schutzeinrichtungen Typ A

Elektronische Bauelemente mit einem steckbaren Anschluss und einer Bemessungsleistung $\leq$ 4 kVA müssen grundsätzlich so beschaffen sein, dass sie mit Fehlerstrom-Schutzeinrichtungen (RCDs) vom Typ A verträglich sind. Bei anderen elektronischen Betriebsmitteln, die glatte Gleichfehlerströme erzeugen können, ist ein Herstellerhinweis erforderlich, dass für solche Betriebsmittel – wenn erforderlich – nur Fehlerstrom-Schutzeinrichtungen (RCDs) des Typs B verwendet werden dürfen.

Bild 13.33 zeigt für gebräuchliche netzseitige Schaltungen für elektronische Betriebsmittel (z. B. Betriebsmittel der Leistungselektronik und Schaltnetzteile) den Kurvenverlauf der Fehlerströme und wo bei Erdschluss ein Gleichstromanteil im Fehlerstrom auftreten kann.

Mit diesem Bild kann geprüft werden, ob entsprechend dem fest errichteten oder zu erwartenden steckbaren elektrischen Betriebsmittel, die richtige Fehlerstrom-Schutzeinrichtungen (RCDs) ausgewählt wurde.

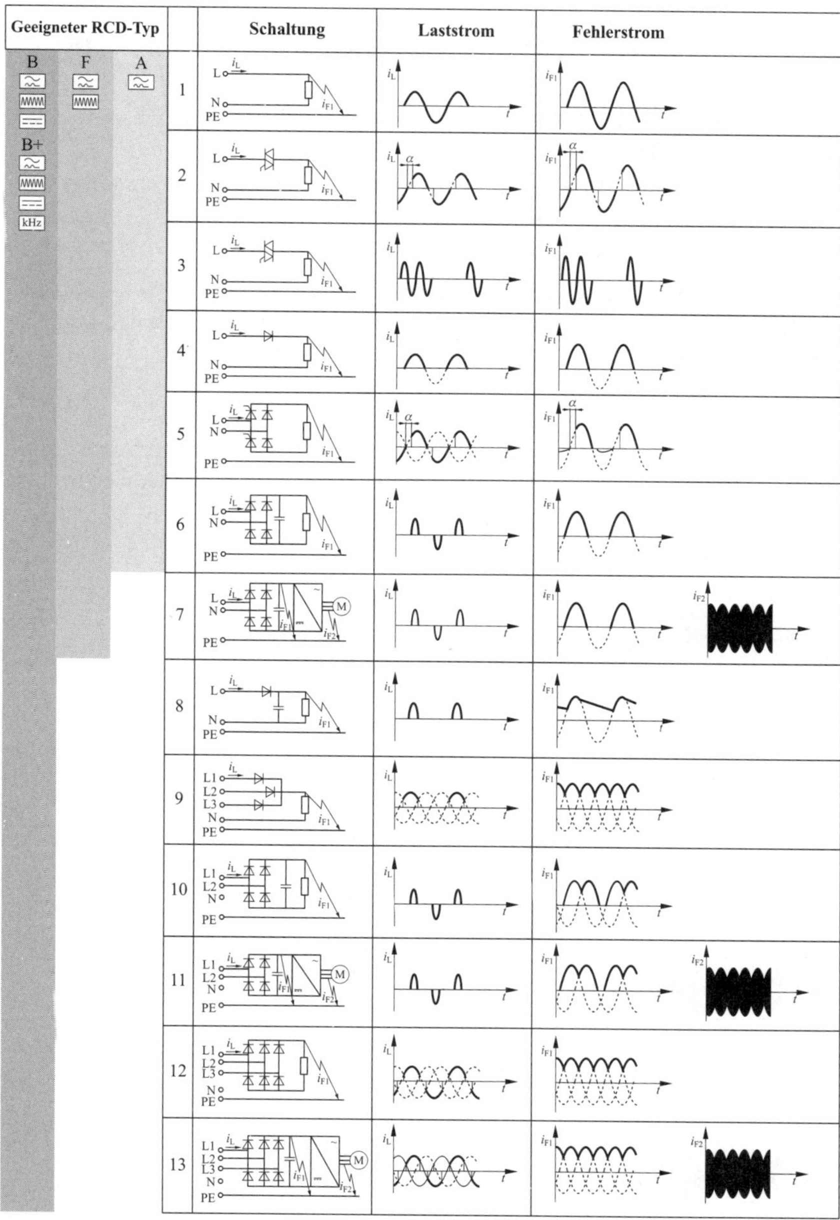

Bild 13.33 Mögliche Fehlerstromformen und Zuordnung des Typs einer Fehlerstrom-Schutzeinrichtung (RCD) (Quelle: Siemens AG, Technik-Fibel Fehlerstrom-Schutzeinrichtungen [70])

13.12.5 Maßnahmen in elektrischen Anlagen mit pulsstromsensitiven und allstromsensitiven Fehlerstrom-Schutzeinrichtungen (RCDs)

In elektrischen Anlagen mit Fehlerstrom-Schutzeinrichtungen (RCDs) muss zunächst die Frage gestellt werden:

„Sind in der elektrischen Anlage Betriebsmittel errichtet, die im Falle eines Körperschlusses einen pulsförmigen oder glatten Gleichstromanteil im Fehlerstrom verursachen, und wie lässt er sich beherrschen?“

Wenn die geforderte Sicherheit nicht mit den geplanten Fehlerstrom-Schutzeinrichtungen (RCDs) erreicht werden kann, müssen andere Schutzmaßnahmen ergriffen werden, z. B. durch:

- Schutzisolierung,
- elektrische Trennung, z. B. durch einen Trenntransformator oder durch eine Stromquelle, die eine gleichwertige Sicherheit bietet, z. B. durch einen Motorgenerator mit gleichwertig isolierten Wicklungen,
- andere Maßnahmen.

14 Prüfen des Drehfelds von Drehstromsteckdosen

Die Prüfung der Phasenfolge wird nicht gefordert. Es ist zu prüfen, ob ein Rechtsdrehfeld vorliegt. Die Prüfung ist mithilfe eines Prüfgeräts entsprechend DIN EN 61557-7 (**VDE 0413-7**) [74] durchzuführen, siehe **Bild 14.1**.

Drehstromsteckdosen

Grundsätzlich müssen bei allen Drehstromsteckdosen die Außenleiteranschlüsse auf Rechtsdrehfeld überprüft werden. Die Lage des tatsächlichen Außenleiters spielt dabei keine Rolle, siehe **Bild 14.2**.

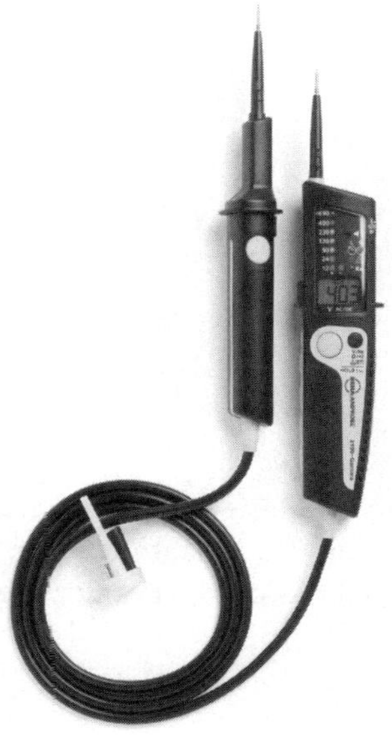

Bild 14.1 Zweipoliger Spannungsprüfer mit Drehfeldrichtungsanzeiger 2100-Gamma (Fa. Beha-Amprobe)

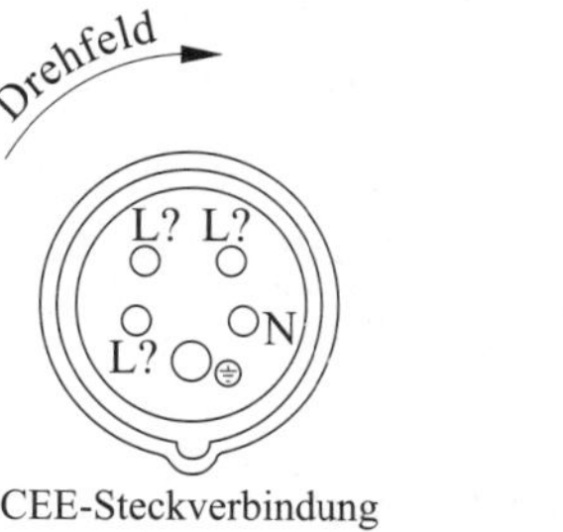

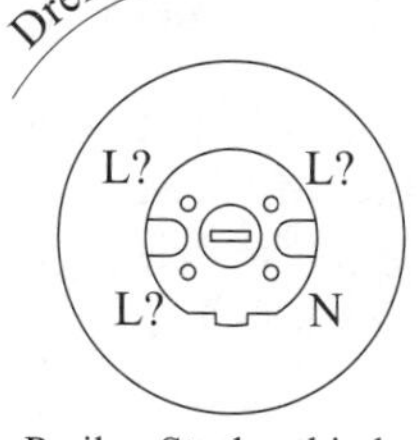

Bild 14.2 Drehfeld ist wichtig, nicht Außenleiteranschluss

Messadapter

Wichtig dabei ist, dass die vom Hersteller von Prüfgeräten empfohlenen Prüfadapter verwendet werden. An der Anschlussseite kann gefahrenlos mit den Prüfspitzen das Drehfeld gemessen werden, siehe **Bild 14.3**.

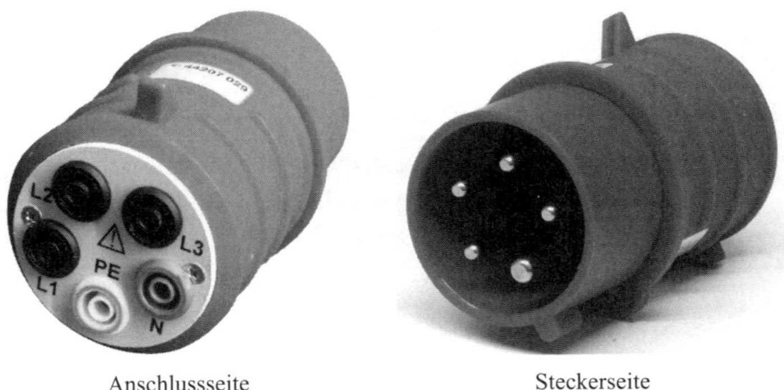

Anschlussseite Steckerseite

Bild 14.3 Adapter für eine 32-A-CEE-Steckdose (Fa. Beha-Amprobe)

Drehstrommotoren

Bei festangeschlossenen Drehstrommotoren ist das Drehfeld für die richtige Drehrichtung direkt am Motorklemmbrett zu prüfen.

Hausanschlusskasten (HAK)/Stromkreisverteiler

Außer der geforderten Prüfung des Drehfelds von Drehstromsteckdosen ist ein Rechtsdrehfeld in den Stromkreisverteiler nach DIN VDE 0100 nicht gefordert. Dementsprechend ist eine Drehfeldmessung am Hausanschlusskasten (HAK) auch nicht notwendig.

Betreiberforderungen beachten

Mitunter werden solche Festlegungen aber von den Betreibern einer elektrischen Anlage aus betriebsinternen Gründen getroffen, z. B. für das gesamte Versorgungssystem und/oder der Anschluss von Betriebsmitteln.

15 Feststellen der Spannungsfreiheit

Um die Spannungsfreiheit von Leitern zu überprüfen gibt es zwei Methoden. Die erste Methode ist die Überprüfung an welchen Klemmen die Außenleiter angeschlossen sind. Dazu können einpolige Spannungsprüfer bis 250 V Wechselspannung nach DIN EN 57680 (**VDE 0680-6**) [75] verwendet werden.

Einpolige Spannungsprüfer haben eine Berührungselektrode, siehe **Bild 15.1**. Das heißt, sie muss während des Prüfvorgangs von der prüfenden Person berührt werden. So kommt ein geringer Stromfluss über den Körper der prüfenden Person zustande. Die Stromstärke liegt unterhalb der Wahrnehmbarkeitsschwelle von 0,5 mA. Durch einen sehr gut isolierenden Standort kann allerdings auch ein zu niedriger Körperstrom zustande kommen, der die Glimmlampe des Spannungsprüfers nicht ansprechen lässt. Damit eine solche Situation ausgeschlossen werden kann, muss an jedem Prüfort die Spannungsprüfung zunächst an einem Außenleiter durchgeführt werden, von dem die prüfende Person sicher weiß, dass er Spannung führt.

Alternativ können auch einpolige kapazitive Spannungsprüfer verwendet werden, siehe **Bild 15.2**. Solche berührungslosen Prüfer erlauben einen ungefährlichen Check, ob ein Außenleiter Spannung führt.

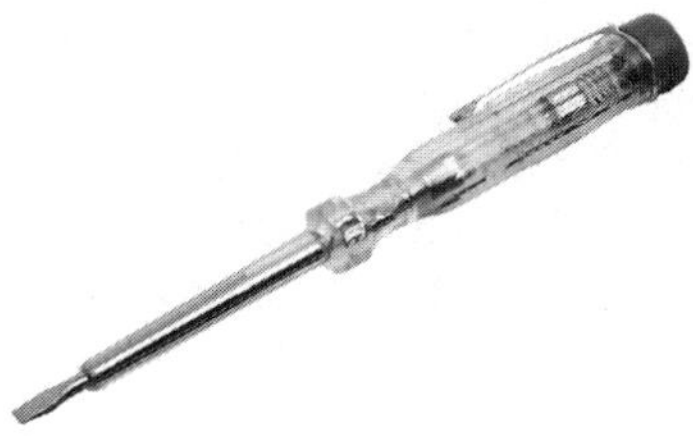

Bild 15.1 Einpoliger Spannungsprüfer

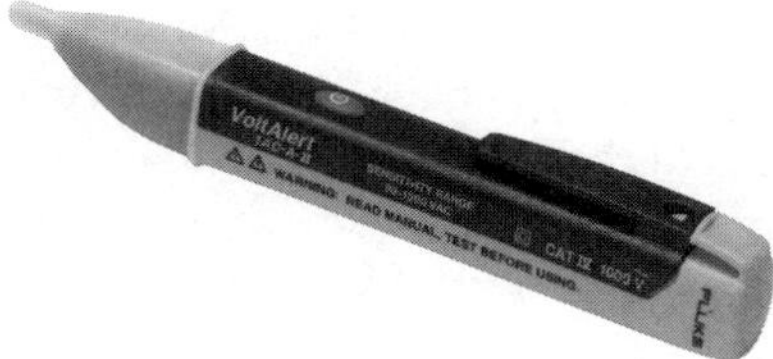

Bild 15.2 Kapazitiver Spannungsprüfer (Fa. Fluke)

Doch die Überprüfung mit solchen Prüfgeräten liefert nur die Information, dass ein oder mehrere Außenleiter Spannung führen. Sie liefern keine Aussage über eine Spannungsfreiheit. Für solche Information benötigt man einen Spannungsmessser.

Soll die Höhe der Spannung oder die Spannungsfreiheit gemessen werden, ist ein zweipoliger Spannungsmesser erforderlich, wie z. B. zweipolige Spannungsmesser bis zu einer Nennspannung von 1 000 V nach DIN EN 61243-3 (**VDE 0682-401**) [76] (**Bild 15.3**).

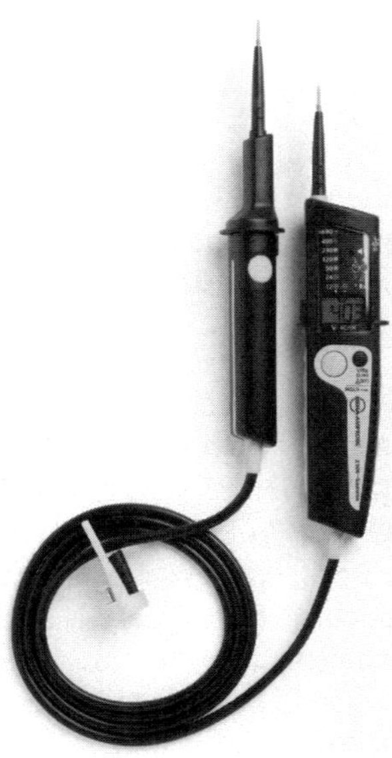

Bild 15.3 Zweipoliger Spannungsmesser (Fa. Beha-Amprobe)

Die Anwendung von zweipoligen Spannungsprüfern erfordert keinen Stromfluss über die prüfende Person; der Strom durch den Spannungsprüfer fließt über seine beiden Pole und damit über einen Außenleiter und ein gut geerdetes Teil bzw. den Neutralleiter oder Schutzleiter. Mit einem zweipoligen Spannungsprüfer wird immer der Vergleich von Potentialen zweier Punkte durchgeführt. Dazu muss das Potential eines Punkts bekannt sein. Andernfalls kann z. B. die Anzeige von 0 V nicht eindeutig interpretiert werden. Diese Anzeige ergibt sich immer bei zwei Polen auf demselben Potential, egal ob auf 0 V oder auf 230 V.

16 Prüfung des Spannungsfalls

Der Spannungsfall einer elektrischen Anlage wird ab dem Hausanschlusskasten (HAK) gemessen. Der Spannungsfall auf der ungezählten Leitung (Hausanschlusskasten (HAK) – Elektrizitätszähler) darf maximal 0,5 % von der Bemessungsspannung betragen. Die Leitungsverbindung vom Elektrizitätszähler zu jeder Steckdose (oder Festanschluss eines Verbrauchers) darf maximal 3 % und die Leitungsverbindung vom Elektrizitätszähler bis zu jedem Leuchtmittel maximal 5 % betragen, siehe **Bild 16.1**.
Der maximal zulässige Spannungsfall sollte, wenn möglich, nicht ausgenutzt werden.

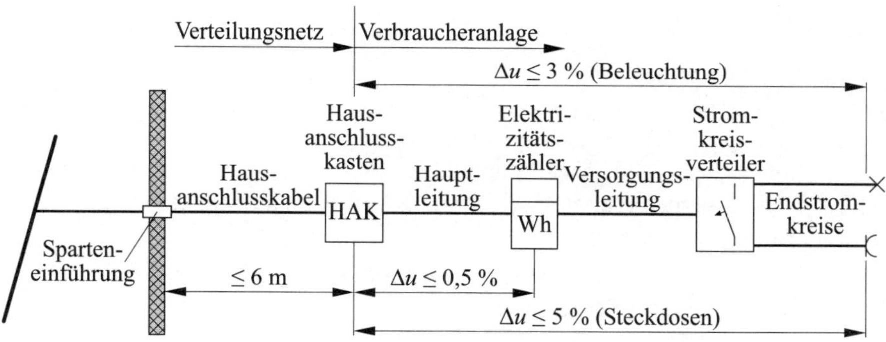

Bild 16.1 Übersicht der zulässigen Spannungsfälle

Kleinspannungsstromkreise

Für Kleinspannungsstromkreise (z. B. Steuerungen, Klingel, Türöffner) gelten die maximalen Grenzen der Spannungsfälle nicht, unter der Voraussetzung, dass die elektrischen Betriebsmittel beim höchsten Spannungsfall noch funktionieren.

Ungezählte Leitung

Ist die Hauptleitung (ungezählte Leitung) länger als 100 m, darf der maximale Spannungsfall pro weiteren Meter der Leitung um 0,005 % erhöht werden. Der maximale Spannungsfall darf bis zum Verbraucher jedoch nicht erhöht werden.

Einschaltströme

Bei elektrischen Betriebsmitteln, die während des Einschaltens einen höheren Einschaltstrom verursachen, ist ein höherer Spannungsfall zulässig, z. B. beim Einschalten eines Motors. Die maximale Höhe des Spannungsfalls wird jedoch durch die entsprechende Betriebsmittelproduktnorm des angeschlossenen elektrischen Betriebsmittels vorgegeben sein [20].

Ermittlung durch Berechnung

Der Spannungsfall kann mittels Berechnung oder Messung ermittelt werden.

Für die Ermittlung des Spannungsfalls durch Berechnung enthält DIN VDE 0100-520 [20] dafür folgende Formel:

$$u = b\left(\rho_1 \frac{L}{S}\cos\varphi + \lambda\, L \sin\varphi\right) I_\mathrm{B}$$

Dabei sind:

- u — Spannungsfall in Volt;
- b — Koeffizient 1 bei dreiphasigen Stromkreisen und 2 bei einphasigen Stromkreisen.
  Anmerkung: Dreiphasige Stromkreise, die vollkommen unsymmetrisch belastet werden (nur ein Außenleiter belastet), werden als einphasige Stromkreise betrachtet.
- ρ_1 — spezifischer elektrischer Widerstand der Leiter bei 20 °C, 0,022 5 $\Omega\,\mathrm{mm}^2/\mathrm{m}$ für Kupfer;
- L — Länge der Leitung in Meter;
- S — Querschnitt der Leiter in mm^2;
- $\cos\varphi$ — Leistungsfaktor;
  falls nicht bekannt, wird ein Wert von 0,8 ($\sin\varphi = 0{,}6$) angenommen;
- λ — Blindwiderstand je Längeneinheit des Leiters;
  falls nicht bekannt, wird ein Wert von 0,08 mΩ/m angenommen;
- I_B — Betriebsstrom in Ampere;
- U_0 — Spannung zwischen Außen- und Neutralleiter in Volt.

Ermittlung durch Messung

Die Ermittlung des Spannungsfalls muss bei Nennlast der vorgesehenen Verbraucher an der Anschlussstelle erfolgen. Steht kein elektrischer Verbraucher mit Nennlast zu Verfügung, kann auch mit einem Verbraucher mit niedrigerer Last der Spannungsfall gemessen werden. Entsprechend dem Verhältnis zwischen der Teillast und der Nennlast kann dann eine Hochrechnung erfolgen.

Überstromschutzeinrichtung bestimmt Nennlast

Als Nennlast gilt der Bemessungsstrom der übergeordneten Überstromschutzeinrichtung.

Impedanz messen

Für die Berechnung des Spannungsfalls kann auch die Impedanz der Zuleitung der Endstromkreise herangezogen werden.

17 Prüfbericht für elektrische Anlagen

Für jede elektrische Anlage muss sowohl nach einer Neuerrichtung als auch bei einer Erweiterung oder Änderung von der Prüfung ein Prüfprotokoll erstellt werden. Wobei der Bericht die Details über den Umfang der elektrischen Anlage enthalten muss. In der Regel reicht eine einpolige Übersichtszeichnung aus.

Von den Prüfmaßnahmen müssen die Aufzeichnungen dem Prüfbericht beigefügt sein. Dabei müssen auch die Erkenntnisse der Besichtigungen protokolliert werden.

Messung gleicher Stromkreise

Von allen Messungen sollten die Messaufzeichnungen zur Verfügung gestellt werden. Bei Stromkreisen, die gleichwertig sind, kann auf die Messergebnisse von einem repräsentativen Stromkreis verwiesen werden, wenn alle anderen die gleichen Messwerte aufweisen.

Übergabe Prüfbericht

Der Prüfbericht einschließlich aller Protokolle müssen vom Planer oder dem Errichter der elektrischen Ausrüstung dem Auftraggeber übergeben werden.

Elektrofachkraft mit Prüferfahrung

Der Prüfbericht muss von der prüfenden Person, die eine Elektrofachkraft oder noch besser eine Elektrofachkraft mit Prüferfahrungen sein muss zusammengestellt und unterschrieben werden.

Mindestinhalte eines Prüfberichts

Der Anhang NA der DIN VDE 0100-600:2017-06 listet die Mindestinhalte eines Prüfberichts auf. Dieser Mindestinhalt sollte jedoch auf kleine überschaubare Anlagen wie Wohnungen oder Einfamilienhäuser begrenzt werden. Folgende Mindestinhalte sollte demnach der Prüfbericht enthalten:

- Name und Anschrift des Auftraggebers,
- Name und Anschrift des Planers/Errichters,
- Bezeichnung des Objekts (Anlage, Gebäude, Verteiler, Stromkreise),
- Auflistung der verwendeten Prüfgeräte,
- Bewertung aller Prüfergebnisse von Besichtigen, Erproben und Messen,

- Bewertung von Messwerten, die die Normenwerte erfüllen aber auffällig abweichen,
- Protokolle jedes einzelnen Messwerts ist nicht gefordert,
- Bestätigung durch Unterschrift und Datum mit Angabe des Prüfers.

Der Bundesfachbereich „Elektrotechnik" des Zentralverbands der Deutschen Elektro- und Informationstechnischen Handwerke (ZVEH) hat einen Vordruck „Prüfung elektrischer Anlagen, Übergabebericht/Zustandsbericht" erarbeitet, der dem Elektrofachmann eine wertvolle Hilfe bei der Protokollierung der Prüfergebnisse sein kann; er ist nachfolgend abgedruckt. Das Prüfprotokoll eignet sich sowohl für elektrische Anlagen im Wohnungsbau als auch in gewerblich genutzten Gebäuden.

Prüfung elektrischer Anlagen

Prüfprotokoll[1] **Nr.:**

Kunden-Nr.: Blatt von	Auftrag-Nr.:
Auftraggeber (Anlagenbetreiber):[2]	Auftragnehmer:[3]

Anlage:

Prüfung[4] **nach:** DIN VDE 0100-600 Neuanlage ☐ Änderung ☐ Erweiterung ☐ DIN VDE 0105-100 Wiederholungsprüfung ☐ Instandsetzung ☐

E-CHECK ☐ DGUV Vorschrift 3 ☐ BetrSichV ☐

Beginn der Prüfung: Uhrzeit:	Ende der Prüfung: Uhrzeit:

Netz ________/________ V___Hz Netzbetreiber: ______________ Netzsystem: TN-C ☐ TN-S ☐ TN-C-S ☐ TT ☐ IT ☐

Besichtigen	i.O.	n.i.O.		i.O.	n.i.O.
Auswahl der Betriebsmittel	☐	☐	Schutz-, Sicherheits- und Überwachungseinrichtungen	☐	☐
Trenn- und Schaltgeräte	☐	☐	Basisschutz (Schutz gegen direktes Berühren)	☐	☐
Brandabschottungen	☐	☐	Zugänglichkeit (HAK/Verteiler)	☐	☐
Gebäudesystemtechnik	☐	☐	Schutzpotentialausgleich	☐	☐
Kabel, Leitungen, Stromschienen	☐	☐	Zus. Schutzpotentialausgleich	☐	☐
Kennzeichnung Stromkreis, Betriebsmittel	☐	☐	Funktionspotentialausgleich	☐	☐
Kennzeichnung N- und PE-Leiter	☐	☐	Dokumentation[6] siehe Ergänzungsblätter ☐		
Leiterverbindungen	☐	☐			
Erproben					
Funktionsprüfung der Anlage	☐	☐	Rechtsdrehfeld (Drehstromsteckdosen)	☐	☐
FI-Schutzschalter (RCD)	☐	☐	Überprüfung Spannungsfall	☐	☐
Funktion der Schutz-, Sicherheits-, und Überwachungseinrichtungen	☐	☐	Gebäudesystemtechnik	☐	☐
			Spannungspolarität	☐	☐

Spannungsfall nachgewiesen[10] ______ %	**Erdungswiderstand:** R_E ______

Durchgängigkeit Potentialausgleichsystem[9] **(≤ 1 Ω nachgewiesen)**

Fundamenterder	☐	Hauptwasserleitung	☐	Klimaanlage	☐	Blitzschutzanlage	☐
Ringerder	☐	Hauptschutzleiter	☐	Aufzugsanlage	☐	Antennenanlage/BK	☐
Haupterdungsschiene	☐	Gasinnenleitung	☐	EDV-Anlage	☐	Gebäudekonstruktion	☐
Wasserzwischenzähler	☐	Heizungsanlage	☐	Telefonanlage	☐	______________	☐

Verwendete Messgeräte nach VDE ______	Fabrikat: Typ:	Fabrikat: Typ:	Fabrikat: Typ:

Messen Stromkreisverteiler Nr.: (siehe Folgeseite/n)

Stromkreis		Leitung/Kabel		Durchgängigkeit	R_{iso}		Fehlerstrom-Schutzeinrichtung (RCD)						Überstrom-Schutzeinrichtung				Fehlercode siehe auch [7]
Nr.	Zielbezeichnung	Typ	Leiter Anzahl Quers. (mm²)	Schutzleiter (Ω)	U_{Mess} bei R_{iso} (V)	R_{iso} (MΩ)	Typ Ausl. Charakteristik	I_n (A)	$I_{\Delta n}$ (mA)	$U_L \leq$ ...V U_B (V)	Ausl.-Zeit t_A (ms)	$I_\Delta \leq I_{\Delta N}$ (mA)	Charakteristik	I_n (A)	Z_s (Ω) ☐ I_a(A) ☐ L-PE	Z_i (Ω) ☐ I_k(A) ☐ L-N	
			x														
			x														
			x														

Stromkreis		Leitung/Kabel		Durchgängigkeit	Isolationsmessung												
								Detailsmessung zur Isolationsmessung, R_{iso}									
Nr.	Zielbezeichnung	Typ	Leiter Anzahl Quers. (mm²)	Schutzleiter (Ω)	U_{Mess} bei R_{iso} (V)	Verbraucher angeschlossen ja	nein	N-PE (MΩ)	L1-PE (MΩ)	L1-N (MΩ)	L2-PE (MΩ)	L2-N (MΩ)	L3-PE (MΩ)	L3-N (MΩ)	L1-L2 (MΩ)	L1-L3 (MΩ)	L2-L3 (MΩ)
			x														
			x														
			x														

keine Mängel festgestellt ☐ Mängel festgestellt ☐	Prüf-Plakette Ja ☐ Nein ☐	Nächster Prüftermin:	**Unterschrift Prüfer:**

Prüfung elektrischer Anlagen
Prüfprotokoll① (Folgeblatt 1) Nr.

Kunden-Nr.: Blatt von Auftrag-Nr.:

Messen Stromkreisverteiler Nr.:

Stromkreis		Leitung/Kabel		Durchgängigkeit Schutzleiter	R_{iso}		Fehlerstrom-Schutzeinrichtung (RCD)						Überstrom-Schutzeinrichtung				Fehlercode siehe auch ⑦
Nr.	Zielbezeichnung	Typ	Leiter Anzahl Quers. (mm²)	(Ω)	U_{Mess} bei R_{iso} (V)	R_{iso} (MΩ)	Typ Ausl. Charakteristik	I_n (A)	$I_{\Delta n}$ (mA)	$U_L \leq$ ...V U_B (V)	Ausl.-Zeit t_A (ms)	$I_\Delta \leq I_{\Delta N}$ (mA)	Charakteristik	I_n (A)	Z_s (Ω)☐ I_a(A)☐ L-PE	Z_i (Ω)☐ I_k(A)☐ L-N	
			x														
			x														
			x														
			x														
			x														
			x														
			x														
			x														
			x														
			x														
			x														
			x														
			x														
			x														
			x														
			x														
			x														
			x														

Stromkreis		Leitung/Kabel		Durchgängigkeit Schutzleiter	Isolationsmessung												
						Verbraucher angeschlossen		Detailsmessung zur Isolationsmessung, R_{iso}									
Nr.	Zielbezeichnung	Typ	Leiter Anzahl Quers. (mm²)	(Ω)	U_{Mess} bei R_{iso} (V)	ja	nein	N-PE (MΩ)	L1-PE (MΩ)	L1-N (MΩ)	L2-PE (MΩ)	L2-N (MΩ)	L3-PE (MΩ)	L3-N (MΩ)	L1-L2 (MΩ)	L1-L3 (MΩ)	L2-L3 (MΩ)
			x														
			x														
			x														
			x														
			x														
			x														
			x														
			x														
			x														
			x														
			x														
			x														
			x														
			x														
			x														
			x														
			x														
			x														

Prüfung elektrischer Anlagen

Übergabebericht[7] ☐ **Zustandsbericht**[7] ☐ **Nr.:**

Kunden-Nr.:	Blatt	von	Auftrag-Nr.:
Zähler-Nr.:		Zählerstand:	kWh

	Ort/Anlagenteil[8] Anzahl Betriebsmittel ☐ Fehler-Code ☐																	
Elektroinstallationsgeräte	Stromkreisverteiler																	
	Aus-/Wechselschalter																	
	Serienschalter																	
	Taster																	
	Dimmer																	
	Jalousietaster/-schalter																	
	Schlüsseltaster/-schalter																	
	Nottaster/-schalter																	
	Zeitschalter/-taster																	
	Steckdose																	
	Bewegungsmelder																	
	Geräteanschlussdose																	
	Telefonanschlusseinheit																	
	TV-Anschlussdose																	
	EDV-Anschlussdose																	
	Sprechstelle																	
	Gong/Summer																	
	KNX/EIB-Aktor																	
	KNX/EIB-Sensor																	
	Leuchten-Auslass																	
	Leuchte																	

Auftraggeber:[2] ______________________
oder Beauftragter des Auftraggebers Name

☐ Gemäß Übergabebericht und Prüfprotokoll vollständig übernommen
☐ Zustandsbericht und Prüfprotokoll erhalten
☐ Dokumentation übergeben

Ort/Datum ______________ Unterschrift ______________

Prüfer:[5] ______________________
Name

☐ Die elektrische Anlage entspricht den anerkannten Regeln der Technik
☐ Die elektrische Anlage entspricht den anerkannten Regeln der Technik zum Zeitpunkt der Errichtung (Wiederholungsprüfung)
☐ Die elektrische Anlage entspricht NICHT den anerkannten Regeln der Technik

Ort/Datum ______________ Unterschrift ______________

Literatur

[1] DIN VDE 0100-600 (**VDE 0100-600**):2017-06 Errichten von Niederspannungsanlagen – Teil 6: Prüfungen. Berlin · Offenbach: VDE VERLAG

[2] DGUV-Vorschrift 3:2005-01 Unfallverhütungsvorschrift Elektrische Anlagen und Betriebsmittel (bisher BGV A3) vom 1. April 1979 in der Fassung vom 1. Januar 1997 mit Durchführungsanweisungen vom Oktober 1996. Aktualisierte Nachdruckfassung Januar 2005. Deutsche Gesetzliche Unfallversicherung – DGUV (Hrsg.). Köln: Berufsgenossenschaft Energie Textil Elektro Medienerzeugnisse (BG ETEM)

[3] DIN VDE 0105-100/A1 (**VDE 0105-100/A1**):2017-06 Betrieb von elektrischen Anlagen – Teil 100: Allgemeine Festlegungen; Änderung A1: Wiederkehrende Prüfungen. Berlin · Offenbach: VDE VERLAG

[4] Bundesgerichtshof, BGH-Urteil vom 15.10.2008 – VIII ZR 321/07: Vermieter kein „Elektro-Generalinspekteur“. Neue Juristische Wochenschrift NJW 62 (2009) H. 3, S. 143–144. – ISSN 0341-1915

[5] Verordnung zum Erlass von Regelungen des Netzanschlusses von Letztverbrauchern in Niederspannung – Niederspannungsanschlussverordnung (NAV) vom 1. November 2006. BGBl. I 68 (2006) Nr. 50 vom 7.11.2006, S. 2477–2494. – ISSN 0341-1095

[6] Bundesgerichtshof, BGH-Urteil vom 14.05.1998 VII ZR 184/97: Luftschallschutz gemäß anerkannten Regeln der Technik bei Abnahme. NJW Neue Juristische Wochenschrift 51 (1998) H. 38, S. 2814–2815. – ISSN 0341-1915

[7] Zweites Gesetz zur Neuregelung des Energiewirtschaftsrechts (Energiewirtschaftsgesetz – EnWG, Novelle 2011) vom 26. Juli 2011. BGBl. I (2011) Nr. 41 vom 3.8.2011, S. 1554–1594. – ISSN 0341-1095

[8] VDE 0022:2008-08 Satzung für das Vorschriftenwerk des VDE Verband der Elektrotechnik Elektronik Informationstechnik e. V. Berlin · Offenbach: VDE VERLAG

[9] DIN VDE 0100-718 (**VDE 0100-718**):2014-06 Errichten von Niederspannungsanlagen – Teil 7-718: Anforderungen für Betriebsstätten, Räume und Anlagen besonderer Art – Öffentliche Einrichtungen und Arbeitsstätten. Berlin · Offenbach: VDE VERLAG

[10] DIN EN 50172 (**VDE 0108-100**):2005-01 Sicherheitsbeleuchtungsanlagen – Teil 100-1: Vorschläge für ergänzende Festlegungen zu EN 50172:2004. Berlin · Offenbach: VDE VERLAG

[11] DIN EN 60204-1 (**VDE 0113-1**):2019-06 Sicherheit von Maschinen – Elektrische Ausrüstung von Maschinen – Teil 1: Allgemeine Anforderungen. Berlin · Offenbach: VDE VERLAG

[12] DIN EN 50178 (**VDE 0160**):1998-04 Ausrüstung von Starkstromanlagen mit elektronischen Betriebsmitteln. Berlin · Offenbach: VDE VERLAG

[13] DIN EN 60079 (**VDE 0165**) (Normenreihe) Explosionsgefährdete Bereiche. Berlin · Offenbach: VDE VERLAG

[14] DIN EN 62305-*x* (**VDE 0185-305-*x***) (Normenreihe) Blitzschutz. Berlin · Offenbach: VDE VERLAG

[15] VdS 2871:2020-03 Richtlinien für die Prüfung elektrischer Anlagen – Prüfrichtlinien nach Klausel SK 3602 – Hinweise für den anerkannten Elektrosachverständigen. Köln: VdS Schadenverhütung

[16] DIN VDE 0701-0702 (**VDE 0701-0702**):2008-06 Prüfung nach Instandsetzung, Änderung elektrischer Geräte – Wiederholungsprüfung elektrischer Geräte – Allgemeine Anforderungen für die elektrische Sicherheit. Berlin · Offenbach: VDE VERLAG

[17] DIN EN 61439-1 (**VDE 0660-600-1**):2012-06 Niederspannungs-Schaltgerätekombinationen – Teil 1: Allgemeine Festlegungen. Berlin · Offenbach: VDE VERLAG

[18] DIN VDE 0100-420 (**VDE 0100-420**):2019-10 Errichten von Niederspannungsanlagen – Teil 4-42: Schutzmaßnahmen – Schutz gegen thermische Auswirkungen. Berlin · Offenbach: VDE VERLAG

[19] DIN VDE 0100-430 (**VDE 0100-430**):2010-10 Errichten von Niederspannungsanlagen – Teil 4-43: Schutzmaßnahmen – Schutz bei Überstrom. Berlin · Offenbach: VDE VERLAG

[20] DIN VDE 0100-520 (**VDE 0100-520**):2013-06 Errichten von Niederspannungsanlagen – Teil 5-52: Auswahl und Errichtung elektrischer Betriebsmittel – Kabel- und Leitungsanlagen. Berlin · Offenbach: VDE VERLAG

[21] Deutsches Institut für Bautechnik (DIBt), Berlin: www.dibt.de

[22] DIN EN 13501-1:2019-05 Klassifizierung von Bauprodukten und Bauarten zu ihrem Brandverhalten – Teil 1: Klassifizierung mit den Ergebnissen aus den Prüfungen zum Brandverhalten von Bauprodukten. Berlin: Beuth

[23] DIN VDE 0298-4 (**VDE 0298-4**):2013-06 Verwendung von Kabeln und isolierten Leitungen für Starkstromanlagen – Teil 4: Empfohlene Werte für die Strombelastbarkeit von Kabeln und Leitungen für feste Verlegung in und an Gebäuden und von flexiblen Leitungen. Berlin · Offenbach: VDE VERLAG

[24] DIN VDE 0100 Beiblatt 5 (**VDE 0100 Beiblatt 5**):2017-10 Errichten von Niederspannungsanlagen – Beiblatt 5: Maximal zulässige Längen von Kabeln und Leitungen unter Berücksichtigung des Fehlerschutzes, des Schutzes bei Kurzschluss und des Spannungsfalls. Berlin · Offenbach: VDE VERLAG

[25] DIN VDE 0100-520 Beiblatt 2 (**VDE 0100-520 Beiblatt 2**):2010-10 Errichten von Niederspannungsanlagen – Auswahl und Errichtung elektrischer Betriebsmittel – Teil 520: Kabel- und Leitungsanlagen – Beiblatt 2: Schutz bei Überlast, Auswahl von Überstrom-Schutzeinrichtungen, maximal zulässige Kabel- und Leitungslängen zur Einhaltung des zulässigen Spannungsfalls und der Abschaltzeiten zum Schutz gegen elektrischen Schlag. Berlin · Offenbach: VDE VERLAG

[26] DIN VDE 0100-530 (**VDE 0100-530**):2018-06 Errichten von Niederspannungsanlagen – Teil 530: Auswahl und Errichtung elektrischer Betriebsmittel – Schalt- und Steuergeräte. Berlin · Offenbach: VDE VERLAG

[27] DIN VDE 0100-534 (**VDE 0100-534**):2016-10 Errichten von Niederspannungsanlagen – Teil 5-53: Auswahl und Errichtung elektrischer Betriebsmittel – Trennen, Schalten und Steuern – Abschnitt 534: Überspannungs-Schutzeinrichtungen (SPDs). Berlin · Offenbach: VDE VERLAG

[28] Technische Anschlussbedingungen für den Anschluss an das Niederspannungsnetz – TAB 2007 (Stand: Juli 2007 mit Aktualisierungen 2011). BDEW Bundesverband der Energie- und Wasserwirtschaft e. V. (Hrsg.). Berlin Offenbach: VDE VERLAG. – ISBN 978-3-8022-1108-9

[29] DIN VDE 0100-460 (**VDE 0100-460**):2018-06 Errichten von Niederspannungsanlagen – Teil 4-46: Schutzmaßnahmen – Trennen und Schalten. Berlin · Offenbach: VDE VERLAG

[30] DIN VDE 0100-510 (**VDE 0100-510**):2014-10 Errichten von Niederspannungsanlagen – Teil 5-51: Auswahl und Errichtung elektrischer Betriebsmittel – Allgemeine Bestimmungen. Berlin · Offenbach: VDE VERLAG

[31] DIN EN 60445 (**VDE 0197**):2018-02 Grund- und Sicherheitsregeln für die Mensch-Maschine-Schnittstelle – Kennzeichnung von Anschlüssen elektrischer Betriebsmittel, angeschlossenen Leiterenden und Leitern. Berlin · Offenbach: VDE VERLAG

[32] DIN VDE 0100-540 (**VDE 0100-540**):2012-06 Errichten von Niederspannungsanlagen – Teil 5-54: Auswahl und Errichtung elektrischer Betriebsmittel – Erdungsanlagen und Schutzleiter. Berlin · Offenbach: VDE VERLAG

[33] DIN EN 61557 (**VDE 0413**) (Normenreihe) Elektrische Sicherheit in Niederspannungsnetzen bis AC 1 000 V und DC 1 500 V – Geräte zum Prüfen, Messen oder Überwachen von Schutzmaßnahmen. Berlin · Offenbach: VDE VERLAG

[34] DIN EN 61010-1 (**VDE 0411-1**):2020-03 Sicherheitsbestimmungen für elektrische Mess-, Steuer-, Regel- und Laborgeräte – Teil 1: Allgemeine Anforderungen. Berlin · Offenbach: VDE VERLAG

[35] DIN EN 61557-3 (**VDE 0413-3**):2008-02 Elektrische Sicherheit in Niederspannungsnetzen bis AC 1 000 V und DC 1 500 V – Geräte zum Prüfen, Messen oder Überwachen von Schutzmaßnahmen – Teil 3: Schleifenwiderstand. Berlin · Offenbach: VDE VERLAG

[36] DIN VDE 61557-10 (**VDE 0413-10**):2014-03 Elektrische Sicherheit in Niederspannungsnetzen bis AC 1 000 V und DC 1 500 V – Geräte zum Prüfen, Messen oder Überwachen von Schutzmaßnahmen – Teil 10: Kombinierte Messgeräte zum Prüfen, Messen oder Überwachen von Schutzmaßnahmen. Berlin · Offenbach: VDE VERLAG

[37] DIN EN ISO 9001:2015-11 Qualitätsmanagementsysteme – Anforderungen. Berlin: Beuth

[38] DIN VDE 0100-410 (**VDE 0100-410**):2018-10 Errichten von Niederspannungsanlagen – Teil 4-41: Schutzmaßnahmen – Schutz gegen elektrischen Schlag. Berlin · Offenbach: VDE VERLAG

[39] DIN 18012:2018-04 Anschlusseinrichtungen für Gebäude – Allgemeine Planungsgrundlagen. Berlin: Beuth

[40] DIN VDE 50522 (**VDE 0101-2**):2011-11 Erdung von Starkstromanlagen mit Nennwechselspannungen über 1 kV. Berlin · Offenbach: VDE VERLAG

[41] DIN VDE 0100-701 (**VDE 0100-701**):2008-10 Errichten von Niederspannungsanlagen – Teil 7-701: Anforderungen für Betriebsstätten, Räume und Anlagen besonderer Art – Räume mit Badewanne oder Dusche. Berlin · Offenbach: VDE VERLAG

[42] DIN VDE 0100-702 (**VDE 0100-702**):2012-03 Errichten von Niederspannungsanlagen – Teil 7-702: Anforderungen für Betriebsstätten, Räume und Anlagen besonderer Art – Becken von Schwimmbädern, begehbare Wasserbecken und Springbrunnen. Berlin · Offenbach: VDE VERLAG

[43] DIN VDE 0100-705 (**VDE 0100-705**):2007-10 Errichten von Niederspannungsanlagen – Teil 7-705: Anforderungen für Betriebsstätten, Räume und Anlagen besonderer Art – Elektrische Anlagen von landwirtschaftlichen und gartenbaulichen Betriebsstätten. Berlin · Offenbach: VDE VERLAG

[44] DIN VDE 0100-723 (**VDE 0100-723**):2005-06 Errichten von Niederspannungsanlagen – Anforderungen für Betriebsstätten, Räume und Anlagen besonderer Art – Teil 723: Unterrichtsräume mit Experimentiereinrichtungen. Berlin · Offenbach: VDE VERLAG

[45] DIN EN 61557-4 (**VDE 0413-4**):2007-12 Elektrische Sicherheit in Niederspannungsnetzen bis AC 1 000 V und DC 1 500 V – Geräte zum Prüfen, Messen oder Überwachen von Schutzmaßnahmen – Teil 4: Widerstand von Erdungsleitern, Schutzleitern und Potentialausgleichsleitern. Berlin · Offenbach: VDE VERLAG

[46] DIN EN IEC 61558-1 (**VDE 0570-1**):2019-12 Sicherheit von Transformatoren, Netzgeräten, Drosseln und entsprechenden Kombinationen – Teil 1: Allgemeine Anforderungen und Prüfungen. Berlin · Offenbach: VDE VERLAG

[47] DIN EN 61557-2 (**VDE 0413-2**):2008-02 Elektrische Sicherheit in Niederspannungsnetzen bis AC 1 000 V und DC 1 500 V – Geräte zum Prüfen, Messen oder Überwachen von Schutzmaßnahmen – Teil 2: Isolationswiderstand. Berlin · Offenbach: VDE VERLAG

[48] DIN EN 61140 (**VDE 0140-1**):2016-11 Schutz gegen elektrischen Schlag – Gemeinsame Anforderungen für Anlagen und Betriebsmittel. Berlin · Offenbach: VDE VERLAG

[49] DIN EN 61008-1 (**VDE 0664-10 Beiblatt 1**):2012-10 Fehlerstrom-/Differenzstrom-Schutzschalter ohne eingebauten Überstromschutz (RCCBs) für Hausinstallationen und für ähnliche Anwendungen – Teil 1: Allgemeine Anforderungen – Beiblatt 1: Anwendungshinweise zum Einsatz von RCCBs nach DIN EN 61008-1 (VDE 0664-10). Berlin · Offenbach: VDE VERLAG

[50] DIN EN 60335-1 (**VDE 0700-1**):2012-10 Sicherheit elektrischer Geräte für den Hausgebrauch und ähnliche Zwecke – Teil 1: Allgemeine Anforderungen. Berlin · Offenbach: VDE VERLAG

[51] DIN VDE 0100-559 (**VDE 0100-559**):2014-02 Errichten von Niederspannungsanlagen – Teil 5-559: Auswahl und Errichtung elektrischer Betriebsmittel – Leuchten und Beleuchtungsanlagen. Berlin · Offenbach: VDE VERLAG

[52] VdS 2033:2019-11 Elektrische Anlagen in feuergefährdeten Betriebsstätten und diesen gleichzustellende Risiken – Richtlinien zur Schadenverhütung. Köln: VdS Schadenverhütung

[53] DIN VDE 0100-703 (**VDE 0100-703**):2006-02 Errichten von Niederspannungsanlagen – Teil 7-703: Anforderungen für Betriebsstätten, Räume und Anlagen besonderer Art – Räume und Kabinen mit Saunaheizungen. Berlin · Offenbach: VDE VERLAG

[54] DIN VDE 0100-704 (**VDE 0100-704**):2018-10 Errichten von Niederspannungsanlagen – Teil 7-704: Anforderungen für Betriebsstätten, Räume und Anlagen besonderer Art – Baustellen. Berlin · Offenbach: VDE VERLAG

[55] DIN VDE 0100-706 (**VDE 0100-706**):2007-10 Errichten von Niederspannungsanlagen – Teil 7-706: Anforderungen für Betriebsstätten, Räume und Anlagen besonderer Art – Leitfähige Bereiche mit begrenzter Bewegungsfreiheit. Berlin · Offenbach: VDE VERLAG

[56] DIN VDE 0100-708 (**VDE 0100-708**):2010-02 Errichten von Niederspannungsanlagen – Teil 7-708: Anforderungen für Betriebsstätten, Räume und Anlagen besonderer Art – Caravanplätze, Campingplätze und ähnliche Bereiche. Berlin · Offenbach: VDE VERLAG

[57] DIN VDE 0100-709 (**VDE 0100-709**):2020-02 Errichten von Niederspannungsanlagen – Teil 7-709: Anforderungen für Betriebsstätten, Räume und Anlagen besonderer Art – Häfen, Marinas und ähnliche Bereiche – Besondere Anforderungen an die Versorgungseinrichtungen für den elektrischen Landanschluss von Schiffen. Berlin · Offenbach: VDE VERLAG

[58] DIN VDE 0100-710 (**VDE 0100-710**):2012-10 Errichten von Niederspannungsanlagen – Teil 7-710: Anforderungen für Betriebsstätten, Räume und Anlagen besonderer Art – Medizinisch genutzte Bereiche. Berlin · Offenbach: VDE VERLAG

[59] DIN VDE 0100-711 (**VDE 0100-711**):2020-06 Errichten von Niederspannungsanlagen – Anforderungen für Betriebsstätten, Räume und Anlagen besonderer Art – Teil 711: Ausstellungen, Shows und Stände. Berlin · Offenbach: VDE VERLAG

[60] DIN VDE 0100-712 (**VDE 0100-712**):2016-10 Errichten von Niederspannungsanlagen – Teil 7-712: Anforderungen für Betriebsstätten, Räume und Anlagen besonderer Art – Photovoltaik-(PV)-Stromversorgungssysteme. Berlin · Offenbach: VDE VERLAG

[61] DIN VDE 0100-714 (**VDE 0100-714**):2014-02 Errichten von Niederspannungsanlagen – Teil 7-714: Anforderungen für Betriebsstätten, Räume und Anlagen besonderer Art – Beleuchtungsanlagen im Freien. Berlin · Offenbach: VDE VERLAG

[62] DIN VDE 0100-717 (**VDE 0100-717**):2010-10 Errichten von Niederspannungsanlagen – Teil 7-717: Anforderungen für Betriebsstätten, Räume und Anlagen besonderer Art – Ortsveränderliche oder transportable Baueinheiten. Berlin · Offenbach: VDE VERLAG

[63] DIN VDE 0100-721 (**VDE 0100-721**):2019-10 Errichten von Niederspannungsanlagen – Teil 7-721: Anforderungen für Betriebsstätten, Räume und Anlagen besonderer Art – Elektrische Anlagen in Caravans und Motorcaravans. Berlin · Offenbach: VDE VERLAG

[64] DIN VDE 0100-722 (**VDE 0100-722**):2019-06 Errichten von Niederspannungsanlagen – Teil 7-722: Anforderungen für Betriebsstätten, Räume und Anlagen besonderer Art – Stromversorgung von Elektrofahrzeugen. Berlin · Offenbach: VDE VERLAG

[65] DIN VDE 0100-730 (**VDE 0100-730**):2016-06 Errichten von Niederspannungsanlagen – Teil 7-730: Anforderungen für Betriebsstätten, Räume und Anlagen besonderer Art – Elektrischer Landanschluss für Fahrzeuge der Binnenschifffahrt. Berlin · Offenbach: VDE VERLAG

[66] DIN VDE 0100-740 (**VDE 0100-740**):2007-10 Errichten von Niederspannungsanlagen – Teil 7-740: Anforderungen für Betriebsstätten, Räume und Anlagen besonderer Art – Vorübergehend errichtete elektrische Anlagen für Aufbauten, Vergnügungseinrichtungen und Buden auf Kirmesplätzen, Vergnügungsparks und für Zirkusse. Berlin · Offenbach: VDE VERLAG

[67] DIN IEC/TS 60479-1 (**VDE V 0140-479-1**):2007-05 Wirkungen des elektrischen Stromes auf Menschen und Nutztiere – Teil 1: Allgemeine Aspekte. Berlin · Offenbach: VDE VERLAG

[68] DIN VDE 0100-729 (**VDE 0100-729**):2010-02 Errichten von Niederspannungsanlagen – Teil 7-729: Anforderungen für Betriebsstätten, Räume und Anlagen besonderer Art – Bedienungsgänge und Wartungsgänge. Berlin · Offenbach: VDE VERLAG

[69] DIN EN 50274 (**VDE 0660-514**):2002-11 Niederspannungs-Schaltgerätekombinationen – Schutz gegen elektrischen Schlag – Schutz gegen unabsichtliches direktes Berühren gefährlicher aktiver Teile. Berlin · Offenbach: VDE VERLAG

[70] Technik-Fibel Sentron Fehlerstrom-Schutzeinrichtungen, Ausgabe 02/2018. Firmenschrift. Siemens AG Energy Management, Regensburg, 2012. – Best.-Nr.: EMLP-T10158-00-00DE

[71] DIN EN 61557-6 (**VDE 0413-6**):2008-05 Elektrische Sicherheit in Niederspannungsnetzen bis AC 1 000 V und DC 1 500 V – Geräte zum Prüfen, Messen oder Überwachen von Schutzmaßnahmen – Teil 6: Wirksamkeit von Fehlerstrom-Schutzeinrichtungen (RCD) in TT-, TN- und IT-Systemen. Berlin · Offenbach: VDE VERLAG

[72] DIN EN 61008-1 (**VDE 0664-10**):2018-03 Fehlerstrom-/Differenzstrom-Schutzschalter ohne eingebauten Überstromschutz (RCCBs) für Hausinstallationen und für ähnliche Anwendungen – Teil 1: Allgemeine Anforderungen. Berlin · Offenbach: VDE VERLAG

[73] DIN EN 61009-1 (**VDE 0664-20**):2016-10 Fehlerstrom-/Differenzstrom-Schutzschalter mit eingebautem Überstromschutz (RCBOs) für Hausinstallationen und für ähnliche Anwendungen – Teil 1: Allgemeine Anforderungen. Berlin · Offenbach: VDE VERLAG

[74] DIN EN 61557-7 (**VDE 0413-7**):2008-02 Elektrische Sicherheit in Niederspannungsnetzen bis AC 1 000 V und DC 1 500 V – Geräte zum Prüfen, Messen oder Überwachen von Schutzmaßnahmen – Teil 7: Drehfeld. Berlin · Offenbach: VDE VERLAG

[75] DIN 57680-6 (**VDE 0680-6**):1977-04 Schutzbekleidung, Schutzvorrichtungen und Geräte zum Arbeiten an unter Spannung stehenden Betriebsmitteln bis 1 000 V – Einpolige Spannungsprüfer bis 250 V Wechselspannung. Berlin · Offenbach: VDE VERLAG

[76] DIN EN 61243-3 (**VDE 0682-401**):2015-08 Arbeiten unter Spannung – Spannungsprüfer – Teil 3: Zweipoliger Spannungsprüfer für Niederspannungsnetze. Berlin · Offenbach: VDE VERLAG

Stichwortverzeichnis

VDE
VERLAG
Technik. Wissen.
Weiterwissen.